图解住宅设计的尺度

专业住宅设计的必备技能

[日]中山繁信
[日]付田刚史
[日]片冈菜苗子 著
张玲 译

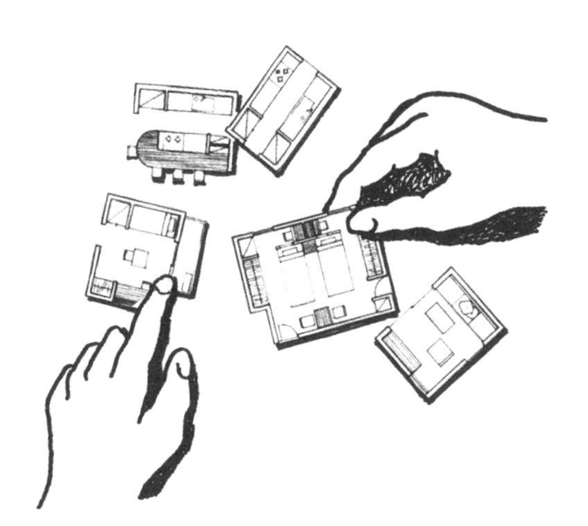

江苏凤凰科学技术出版社
南京

图书在版编目 (CIP) 数据

图解住宅设计的尺度 / (日) 中山繁信 , (日) 付田刚史 , (日) 片冈菜苗子著 ; 张玲译 . — 南京 : 江苏凤凰科学技术出版社 , 2020.3 (2021.5重印)
ISBN 978-7-5713-0710-3

Ⅰ . ①图… Ⅱ . ①中… ②付… ③片… ④张… Ⅲ . ①住宅－室内装饰设计－图解 Ⅳ . ① TU241-64
中国版本图书馆 CIP 数据核字 (2020) 第 001294 号

图解住宅设计的尺度

著　　者	[日] 中山繁信　[日] 付田刚史　[日] 片冈菜苗子
译　　者	张　玲
项目策划	凤凰空间 / 曹　蕾
责任编辑	刘屹立　赵　研
特约编辑	曹　蕾
出版发行	江苏凤凰科学技术出版社
出版社地址	南京市湖南路 1 号 A 楼　邮编：210009
出版社网址	http://www.pspress.cn
总 经 销	天津凤凰空间文化传媒有限公司
总经销网址	http://www.ifengspace.cn
印　　刷	北京博海升彩色印刷有限公司
开　　本	889mm×1194mm　1/32
印　　张	4
插　　页	2
字　　数	110 000
版　　次	2020 年 3 月第 1 版
印　　次	2021 年 5 月第 2 次印刷
标准书号	ISBN 978-7-5713-0710-3
定　　价	58.00 元

前言

学习建筑学的年轻人，肯定都在思考着什么时候能独立进行建筑设计。住宅也好，大型美术馆也罢，最基本的还是“承装人类的容器”，所以建筑肯定是要以人为基准进行设计的。如果房间太小或者太狭窄的话，会使人很难使用。相反，如果房间太大，经济以及能源方面都免不了浪费。

适合我们身体的空间，被称为“人的尺度”的空间，其实就是指既带有功能性又舒适实用的空间。换句话说，对于合适的尺度、尺寸，如果没有进行非常准确的理解，则无法设计出真正的带有“人的尺度”的建筑。

比起牢记空间或者物体大小的相应数字，这本书更希望教会读者如何把自身变成一把尺子，去思考空间或身边物体的大小。如果通过此书可以使建筑师培养出在建筑设计中不可或缺的尺度感的话，那么撰写此书的目的也便达到了。

本书中尺寸未标注单位的，均以毫米计。

中山繁信

图解住宅设计的尺度

专业住宅设计的必备技能

目录 CONTENTS

1 什么是身体尺?

2 你是否知晓属于自己的身体尺?

3 和室是尺度感之源

4 在“空间熟语”的驱动下进行住宅设计

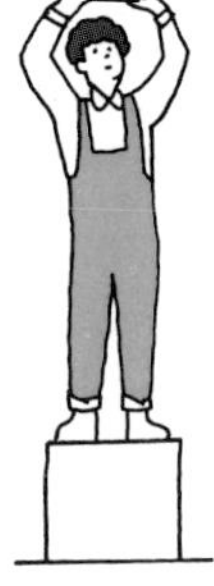

什么是身体尺？

1.1

代替尺子的『身体尺』——指与寸

指与寸

人类的进化就是从四足行走进化到两足步行使一双手可以自由使用的过程。原始时代，人类为了狩猎，需要使用弓箭、枪等工具，由此便开始制造工具。

如果把人的身体比做尺子，那么身边物体的长度、距离的测量就可以由身体代替工具而进行了。可以利用身体的各个部位进行测量，例如手、足、肘的长度或者两手张开后的长度等。

身体中最小的单位之一就是“手指”了。拇指的宽度以及食指弯曲后第二个关节的长度可以与寸这个单位相当（有一些这样的说法）。在西方相对应地被称为英寸。

寸在建筑中或者人身边的物品中是十分常用的单位（柱子经常被标注成“××寸柱”），家庭中碗的大小、食物“饼”的大小都可以用寸来进行衡量。

传统故事里所提及的“一寸法师[1]”的大小就是1寸，虽然现今社会已经不怎么使用尺贯法[2]，但也不能称其为“3厘米法师”。

作为身体尺的手指

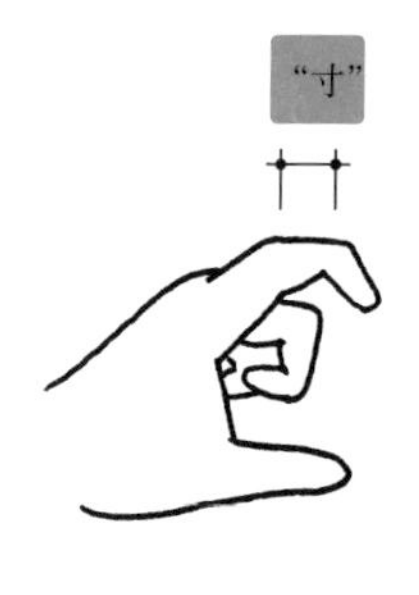

1寸[3]=30.3毫米，约3厘米
拇指的宽度与寸这个单位相当（西方相应单位为“英寸”）
食指弯曲后的第二个关节的长度也可以被称为“寸”

译者注：

[1] 一寸法师：日本传统童话故事《一寸法师》中的主人公。

[2] 尺贯法：日本传统计量系统。

[3] 日本的1寸与中国不同，中国的1寸=33.3毫米。

碗与 4 寸

日本的饮食文化与西方有很大的不同，是需要用手端着碗进食的饮食方式。正因如此，日本的食器，从吃饭的碗到喝汤的碗都充分考虑了手持的尺寸。

工业设计师秋冈芳夫在《为了生活而设计》中写道，把全日本各地使用的汤碗收集后进行测量，碗的直径都为 4 寸的尺寸规格，绝对没有超过这个尺寸的汤碗。这是因为，两手的拇指与中指环绕成圆的直径约为 4 寸，与汤碗的直径是吻合的，也就是说，这些器具的尺寸都是通过以人的手等身体尺度为基准进行考量后进行设计的。

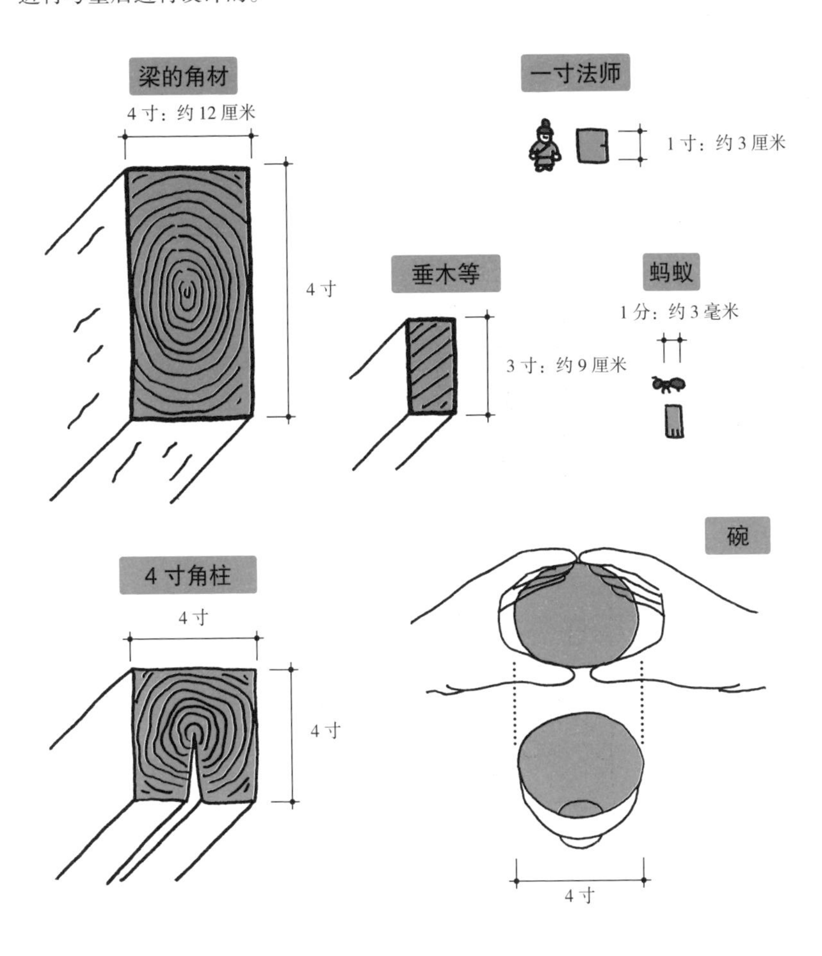

1.2

代替尺子的『身体尺』——手与1拃

“1 拃”是什么

拇指和食指（或者中指）张开时的距离被称为“1 拃[1]”。虽然存在个体差异，例如成人的手和小孩子的手，但是一般“1 拃”的距离大约是5寸。这个尺寸刚好与木造建筑的壁厚和钢筋混凝土建造的墙壁厚度相同。另外，在建筑图纸上测量尺寸的时候，“1 拃”这个词恰恰是日语“尺寸测量”中的“测量”的意思。由此可知，手的大小是测量的基准。

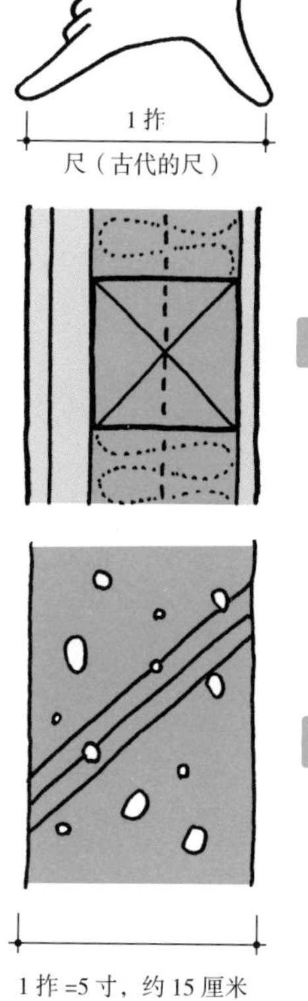

1 拃 =5 寸，约 15 厘米

译者注：

[1] 拃：中国 1 拃的长度定义略有不同，张开的大拇指与中指（或小指）两端间的距离称为 1 拃。

建筑材料中的砖的尺寸就是以手为基准而设计的，它的大小被设计成单手就可以拿住。

砖的规格为“6 厘米 ×10 厘米 ×21 厘米”，施工人员可以单手拿起砖块进行高效的施工作业，而这样的规格恰恰是为了可以高效的工作而被决定的。砖是从下至上一块一块垒上去的，所以很容易单手抓住的大小十分便利。据说在美索不达米亚文明时代，晒干的砖就使用了相同的尺寸，所以从古代开始，砖的尺寸设计就开始考虑在垒砖时如何适应手的大小了。

砖的大小被设计成单手就可以拿住

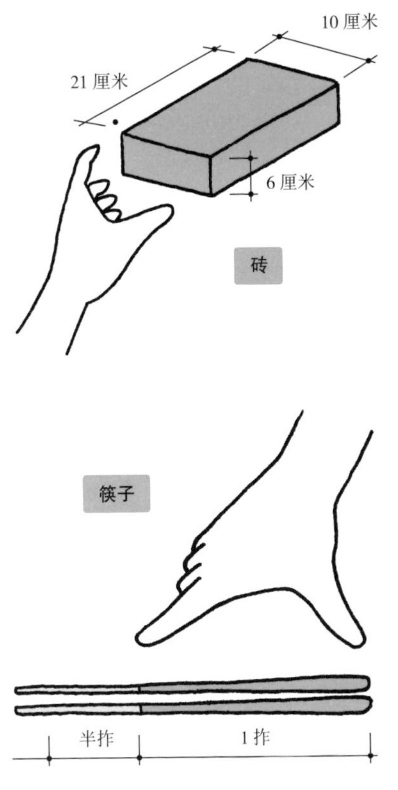

1 拃半长度的筷子使用起来很便利

1 拃半长的筷子，最恰到好处

我们每天吃饭所使用的筷子也是一样的，适合自己手的尺寸的筷子使用起来是最便利的。筷子的尺寸也是以手为基准来决定的。

拇指到食指的距离为“1 拃”，而 1.5 倍的“1 拃半”被称为最适合使用的筷子长度，所以，在选择筷子时也请参考自身的尺寸比例关系吧。

1.3

代替尺子的『身体尺』——曲尺、角尺、规矩法

曲尺与角尺

曲尺又被称为“矩尺”。日文中“曲尺”这个词有两个意思，第一个意思是作为自中世以来日本衡量长度的正规尺寸单位，1尺约为现在的10/33米，相当于“从肘部到指尖”的长度（1尺的长度在不同时代是有变化的）。

曲尺的第二个意思是指作为工具的“铸铁直角尺”，因其多是由金属制作而得名。铸铁直角尺（曲尺、直角尺）是由长短两边垂直组合形成的尺子，两边均带有刻度，都可以进行丈量。因为直角也被称为“矩”，所以测量柱子或墙壁是否是直角也被称为“测矩”。

作为测量长度的工具，曲尺是带有刻度的，正面以1寸为单位，背面以1.41寸（$\sqrt{2}$）为单位。就这样，集测量长度与定位直角功能于一身的曲尺（直角尺）诞生了。

曲尺，角尺

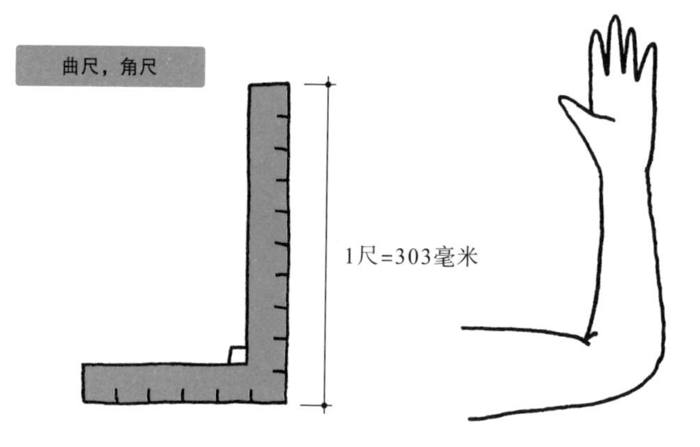

现在的1尺[1]=303毫米（与曲尺的1尺长度相同）
大概相当于从肘部到指尖的长度

译者注：
[1] 日本的1尺与中国不同，中国的1尺=333毫米。

规矩法

“规矩”一词由“规矩准绳”而来。“规”（正圆，圆规的意思）是指把物体的长度进行分割，“矩”是衡量直角的曲尺等工具，“准”是指是否水平，“绳”是衡量是否笔直垂直。

寺院、神社等传统建筑的施工与规矩法息息相关，从施工时的某项重要控制环节，到上栋式等各项仪式的举行，都可以以规矩法为执行标准。

规矩法是只利用曲尺等简单工具，结合数学的运算方式，针对建筑施工的形和尺寸、屋顶坡度等比例进行测算的方法。其中运算方面又可以利用身体尺，如根据关节把拇指分为 3 节，食指分为 4 节，再把两个指头的指尖相连接就会得到一个符合“3、4、5”的毕达哥拉斯定理（勾股定理）的三角形。

从古代开始，木工们便利用这样的运算方式与简单的工具进行传统木建筑的设计施工了。

规矩法是通过直角和斜角来计算的方式

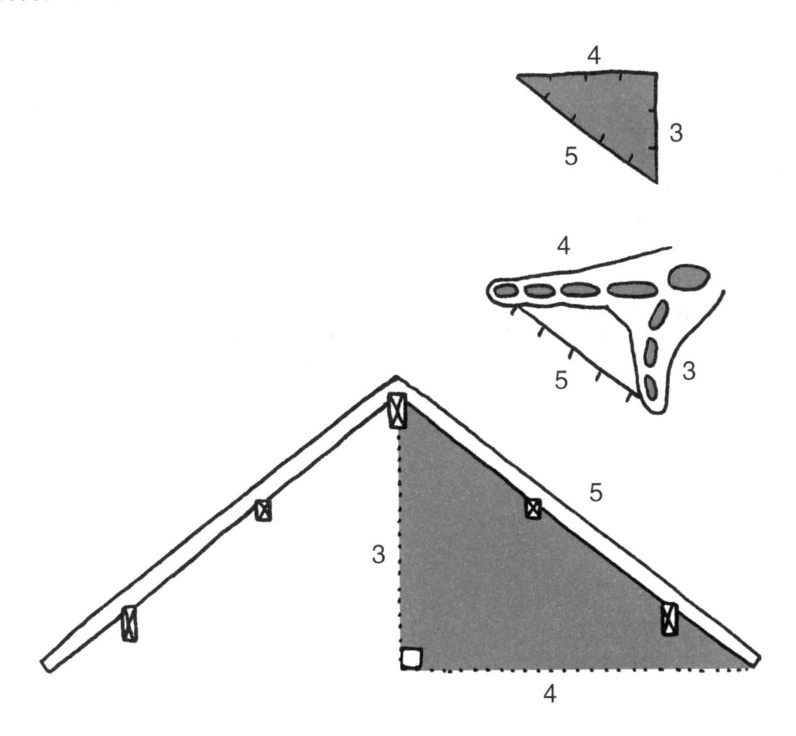

1.4

代替尺子的『身体尺』——足与身体

“步”这一单位起源于中国，引入日本后曾作为面积单位。现在的“步”是指步幅中一步的长度。日本人一步的长度一般是 2 尺左右，步伐较快的话是 2 尺 5 寸左右。西方人的步幅大概是 1 码，即 3 英尺，约等于 90 厘米，由于脚的长度各有不同，所以步幅的差距在 20 ~ 30 厘米。

在了解自己的步幅、脚的大小的基础上，就算没有带测量工具，也可以简单地测量出建筑的长度或者大小，十分便利。

步幅和距离

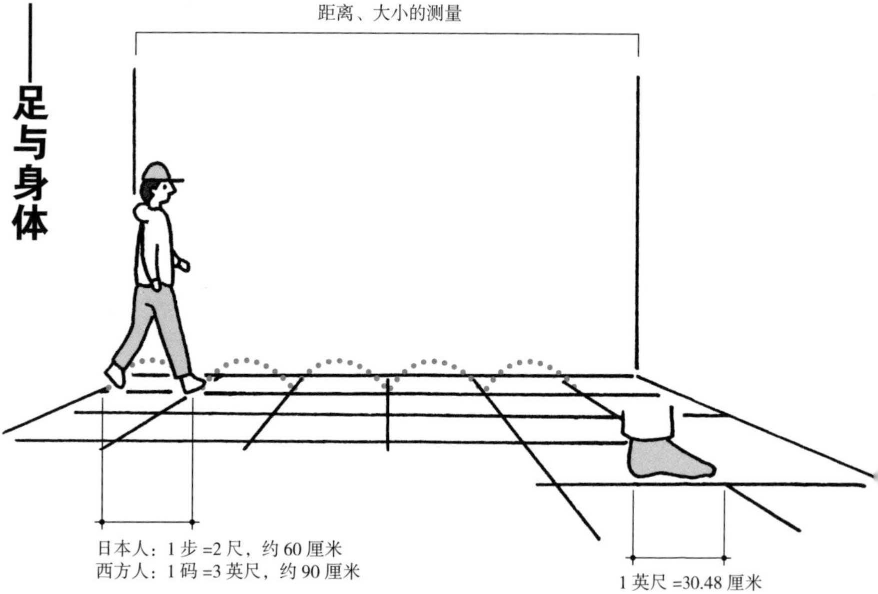

日本人的步幅通常为 2 尺（60 厘米）左右，快走的情况下大概为 2 尺 5 寸（75 厘米）。
西方人约为 1 码即 3 英尺，约 90 厘米（1 英尺 =30.48 厘米）
自己的身长或者手能举至的高度、步幅以及手脚的大小，都可以成为测量长度以及距离的工具

从尺贯法到米计量法

古代的日本受到古代中国的“唐尺”、朝鲜半岛的高丽尺等多种尺的传入影响，在 7 世纪初，以《大宝律令》将唐尺定为日本的官方度量单位。

尺贯法的长度单位有“间”“尺”“寸”“分”，质量单位有“贯”“两（匁）”，体积单位有“升”等，都是古代日本的度量单位。江户时代（1603—1868 年）也依然惯用尺贯法，不过从昭和三十四年（1959 年）开始转换成了“米”计量法。

现在，因为计量法变成了以“米”作为单位进行计量，所以建筑图面也都以米为计量单位。但是，如果去实际的建筑施工现场就会发现，木工等匠人到现在依然都在用“1 寸 5 分”或者“3 尺”这样的语言，完全是尺贯法的沿用。像“寸”“尺”“间”这样的单位尺度是充分沁入了身体尺寸的计量单位。

身体与长度

尺与米的计量法换算如下图所示。另外，“丈”“庹”“拃”“文”等都是表示身体尺寸的计量单位。“丈”是指身体的长度，“庹”是双臂展开时两手之间距离，“拃”是手指间展开的长度，“文”是脚的大小。

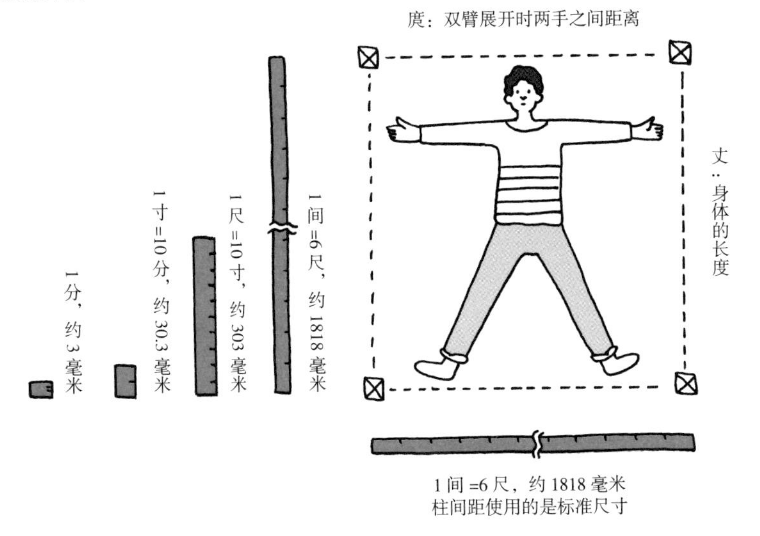

身体的宽度与走廊、通道的宽度

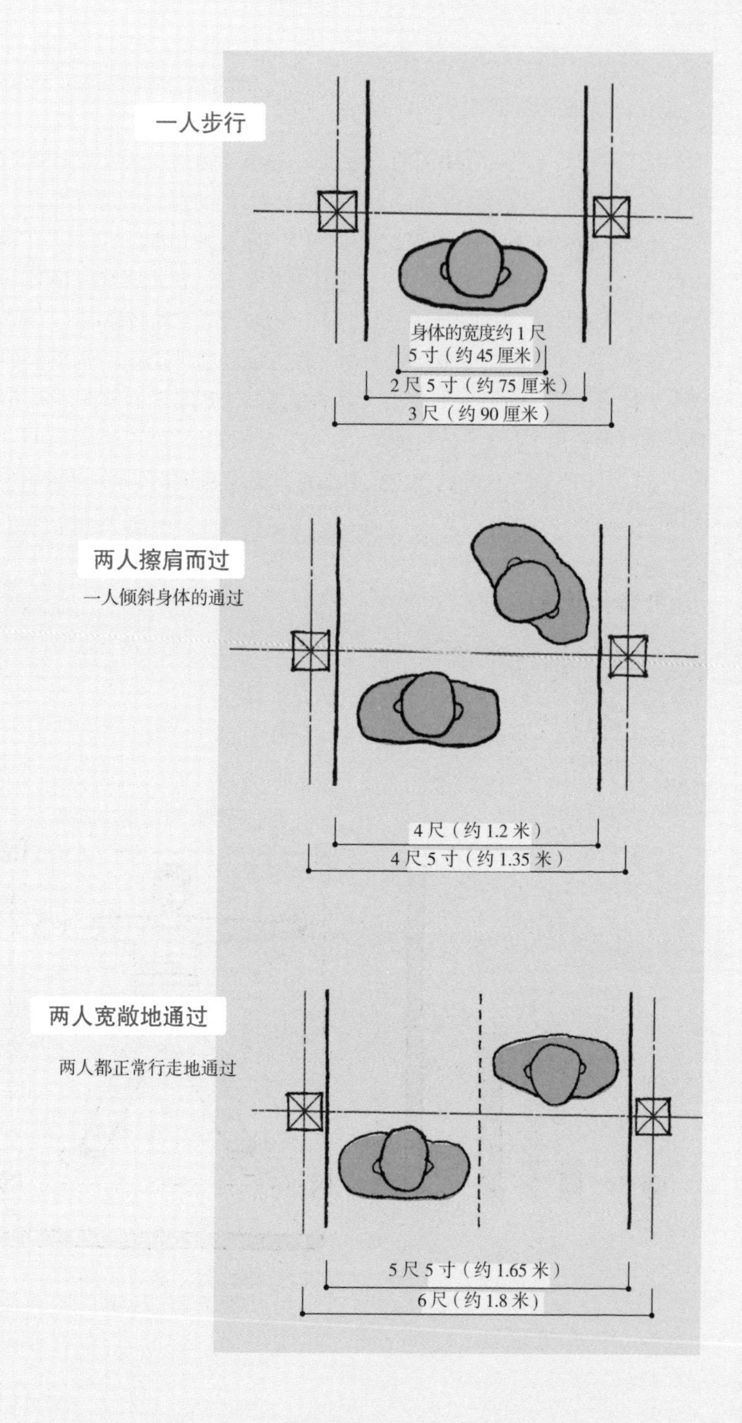

在道路上行走的时候有“一个人行走”“两个人交错”“人与物体交错”等情况，这些不同的情况导致道路宽度不同。比如，普通男性的肩宽为1尺3寸（40厘米）左右，在一个人行走的情况下，两只手臂摆动且比较宽敞地通过的道路的有效宽度为2尺至2尺5寸（60～75厘米）左右。

这是以寸法的倍数为基础而指定的道路宽幅。江户时代的生活道路的宽度，大概在一间到一间半（1.8～2.7米）的距离，是以人行走通过的尺度为基础而制定的标准。

在路上行走的时候，人会自动找寻有适宜尺度感的道路，这是由人的身体尺度来决定的。而结合建筑设计规范，车辆通过的道路宽幅原则上被规定为4米以上，这正是以车辆本身的尺度为基准而决定的。

人在生活的道路上行走所需要的宽度

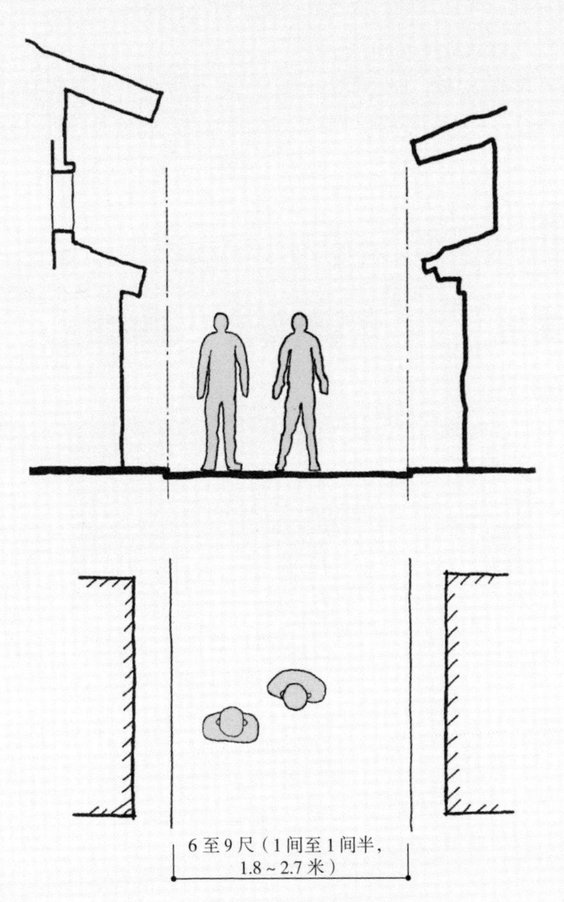

1.5 代替尺子的『身体尺』——榻榻米、帖、坪

榻榻米和帖

在讨论住宅设计方案时，经常会出现即使向客户说明：“卧室的面积大小在 ×× 平方米”，但客户仍会继续追问“×× 平方米是多少帖榻榻米呀？”的情况。日本人一直保持着一帖榻榻米大小的尺度感，并习惯于通过榻榻米的数量（帖）对空间面积进行估算，从而了解空间的大小。所以可以说，榻榻米给予了日本人空间尺度感。

榻榻米规格的代表有“京间”和“江户间”。“京间”的柱间距为 6 尺 3 寸，而“江户间”的柱间距与“京间”不同，是 5 尺 8 寸，二者之间相差 5 寸（约 15 厘米）。这是根据榻榻米、柱子的配置以及榻榻米的大小及长短而决定的。根据各地的不同发展，榻榻米的大小也不同。到了江户时代，榻榻米需要由“大八车（人力车）”承载并搬运到新居里，所以榻榻米的尺寸进行了规格化。

虽然现在榻榻米成了类似草席一样的普通地面铺装材料，但是在平安时代，榻榻米最初是作为贵族的寝具被使用的。现代社会使用榻榻米不单纯停留在“床铺”的概念上，而有了更为广泛的使用方式。

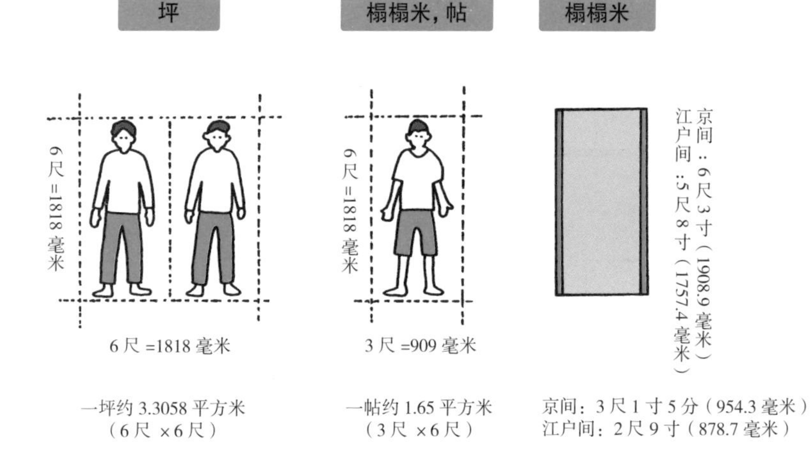

坪

“坪”作为面积单位与人的身体尺度息息相关，它是从中国引入的“步”这一单位演变而来的。最初引入的“步”是长度单位，以 6 尺为一步，后来这一单位演变为边长为 6 尺的正方形面积。最后，“步”的名称被“坪”取代，现在，一坪的面积约合 3.3 平方米的换算关系一直被沿用着。

坐着需要半帖，睡眠需要一帖

在日本有“坐着需要半帖，睡眠需要一帖”这样的俗语，通过这句话可以知道人所需要的最小空间。宽度方面，坐着的状态需要半帖榻榻米的大小（3 尺 ×3 尺），睡眠状态下需要一帖榻榻米的大小（3 尺 ×6 尺）。长度方面，榻榻米的长度基于身长，一身长为 6 尺，半身长为 3 尺。

6 帖的大小

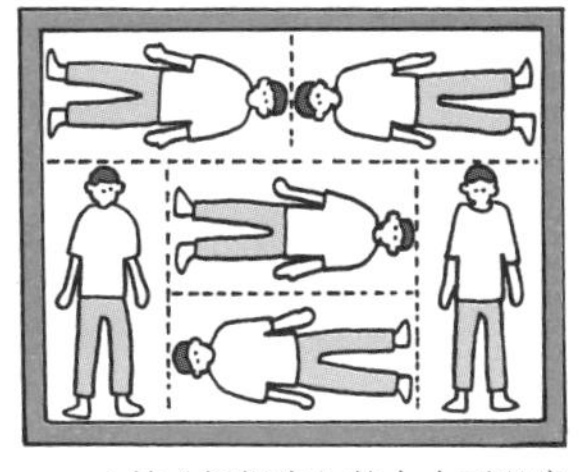

6 帖（榻榻米）的大小可以容纳 6 人平躺

	10 尺	303 厘米
1.5 身长	9 尺	
最大身长	7 尺半	228 厘米
1 身长	6 尺	182 厘米
半身长	3 尺	91 厘米
腕	2 尺	60.6 厘米
足	1 尺	30.3 厘米
测点	0	

6 尺

长度方面

3 尺

宽度方面

3 尺

3 尺

收纳的高度与人体尺寸的粗略估算

根据身高或者年龄的不同，收纳的高度是有差异的。根据手能触及范围的不同，以及物体的使用频率，可以将收纳空间分为上层、中层、下层。根据高度的不同，收纳空间的开合方法也是不同的。

以身高（H）为基础可以粗略估算人体各部位的比例关系，视线的高度，肩膀的高度，以及在获取物品时动作与高度的关系，还可以估算出椅子或者桌子的高度。

收纳的进深是以能收进折叠三折后的被褥为标准而决定的，在这种情况下,进深大约需要 3 尺（90 厘米）。而收纳夹克和西装等衣物的衣柜，进深在 2 尺（60 厘米）左右就没问题了。

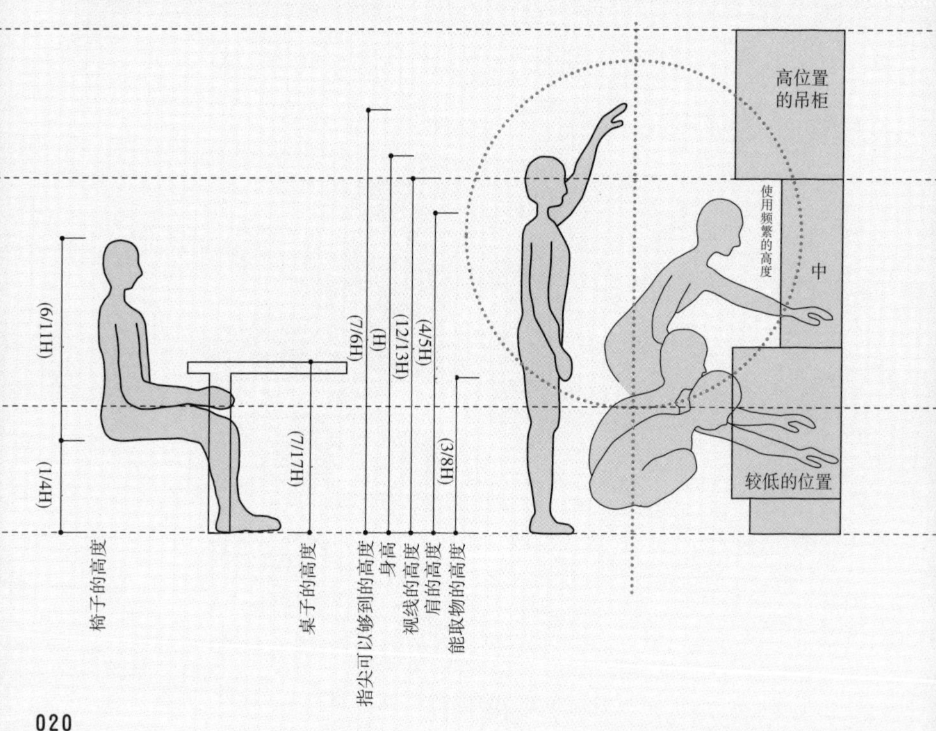

在实际设计建筑空间、绘制平面图的时候，所留取的空隙的尺寸都是根据身体功能划分后决定的。在设计住宅、事务所或者店铺这些用途不同的建筑空间时，都可以参考人体尺度来进行设定。

收纳形式　　收纳区分

柜门的开启	厨房用品	衣物	寝具、旅行用品
	保鲜盒 备用碗筷 不受季节影响的器具	不受季节影响的物品 帽子	不受季节影响的物品
	杯子 中小罐类	上衣 裤子 裙子	枕头 客用被褥 睡衣类 寝具 毯子
	大罐类 盛米容器 炒菜用品	和服类	鞋、靴 旅行箱

身体尺的构成、回顾整理

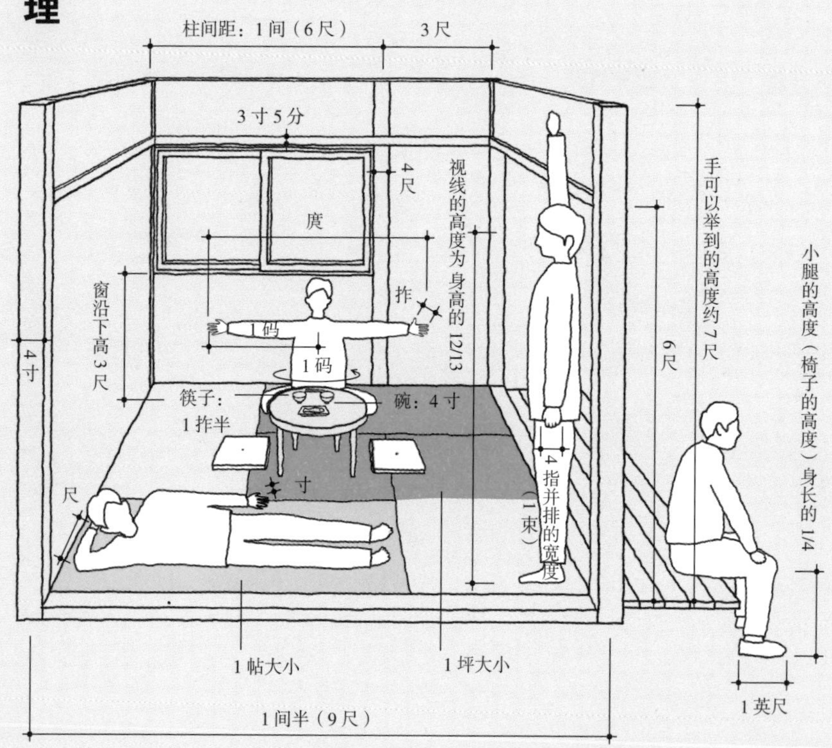
柱间距：1间（6尺）
3尺
3寸5分
4尺
庹
视线的高度为身高的12/13
手可以举到的高度约7尺
小腿的高度（椅子的高度）身长的1/4
窗沿下高3尺
拃
1码
1码
6尺
4寸
筷子：
1拃半
碗：4寸
4指并排的宽度
（1束）
尺
寸
1帖大小
1坪大小
1间半（9尺）
1英尺

你是否知晓属于自己的身体尺？

2.1

测量一下属于自己的身体尺寸

如同在第 1 章所提到的那样，身体周边的物品、家具，以及我们所居住的建筑的尺寸都是通过思考人体尺度而决定的。所以，在设计家具或者居住类建筑的时候，就一定要知晓人体的尺度以及人的动作行为。

人的身高、体态等是多种多样的，首先要牢记自己身体各部分的尺寸。把下面的人体先设定成自己，记录一下各项尺寸吧。

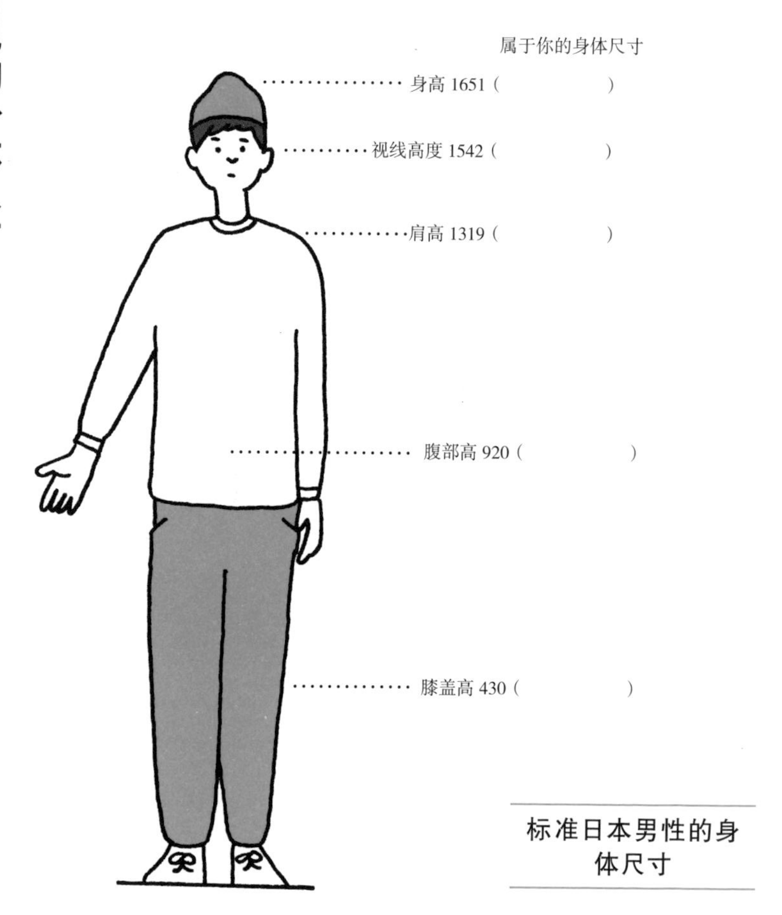

标准日本男性的身体尺寸

了解自己的身体尺寸

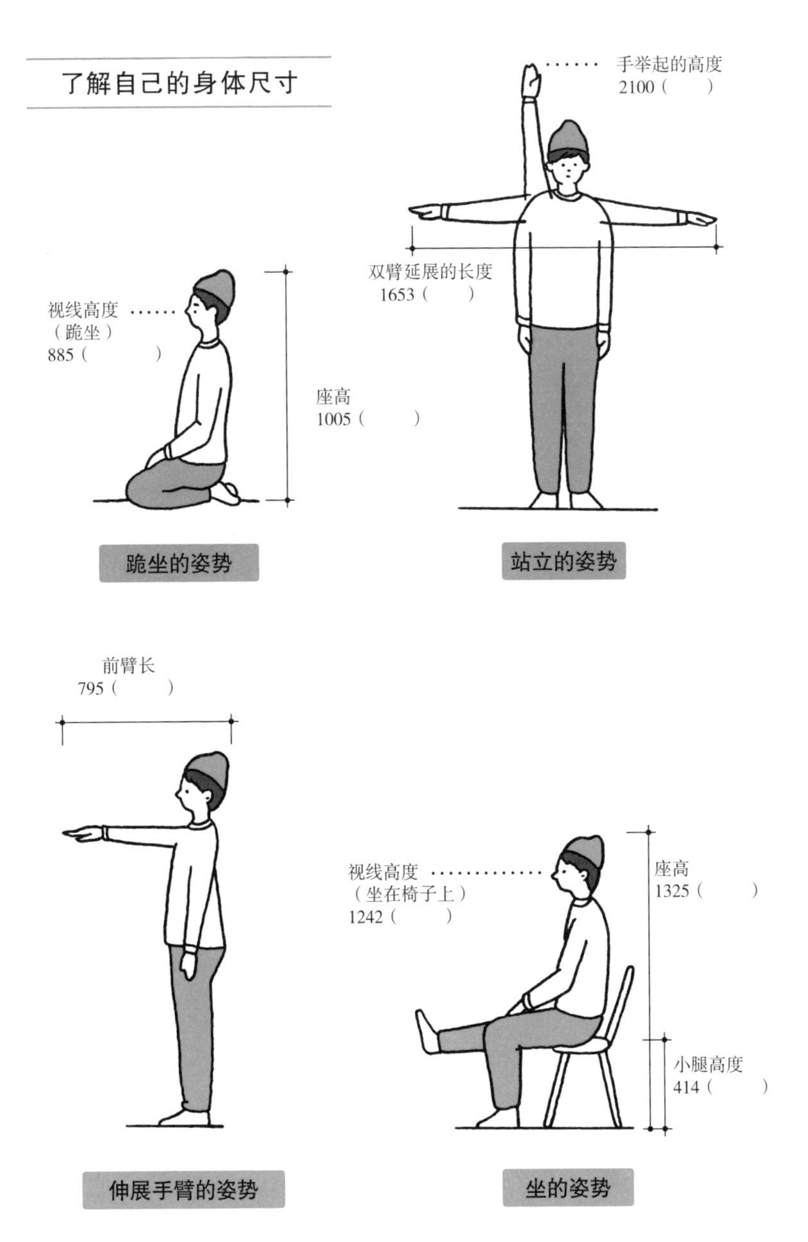

注：以上数字为标准尺寸，单位毫米。请在括号内加上自己的尺寸。

2.2

自己的身体不管到哪里都可以成为『尺子』

脚的尺寸、手臂的长度、拇指和食指之间的间隔长度都被赋予了不同的名称，可以作为“简易的测量方法”使用。

当然，牢记标准的尺寸是一件非常重要的事情，但还是需要先牢记自己的身体尺寸并将之用于实际的测量。对于脚的尺寸，因为大家都需要购买鞋子，那么肯定是所有人都知道自己脚的尺寸。如果同时知道自己的手掌或者拳头的尺寸，那么在测量很多物品的尺寸时（就算只能了解个大概）是非常方便的事情。

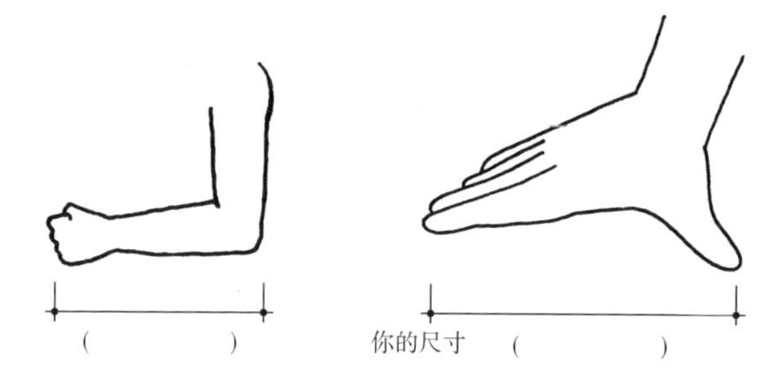

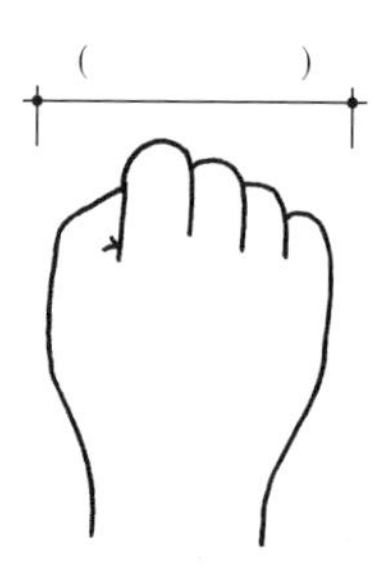

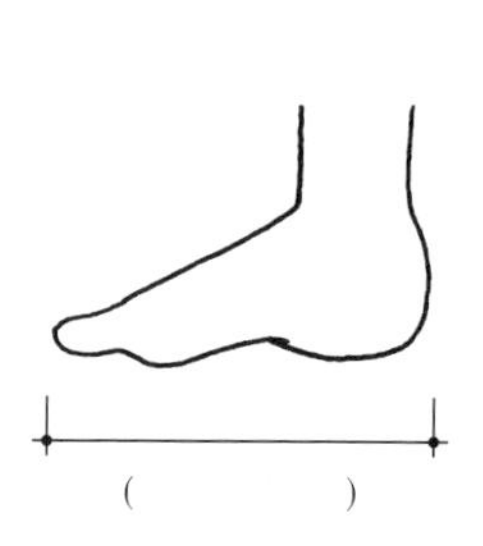

快走的时候

慢走的时候

“步幅”是测量距离时最便捷的简易测距器了。

想知道道路的宽度或者家门口的大概尺寸时，步幅丈量法就派上用场了。多行走几回，测量自己的步幅尺寸，分别熟知自己在慢步行走时和快速进行走时的步幅尺寸，当想要测量空间的尺度时，就可以通过步幅丈量出其尺寸了。

2.3

以身体尺为参照思考物体的大小

如果想知道床或者浴缸等物体的尺寸，一个方法是直接通过卷尺测量。而另一个办法则是通过了解自身的尺寸，将这个尺寸与周边家具或者机器设备的尺寸进行比较，培养出尺度感。

首先，根据自己的身高和肩宽，很容易知道在床上翻身等动作所需要的空间。大体上，床的长度应在头顶和脚下各留150 毫米、总计 300 毫米的距离，同时为了方便翻身，床的宽度大概是肩宽的 2 倍。所以可以牢记为单人床的宽度为肩宽的2 倍，大约 1000 毫米。

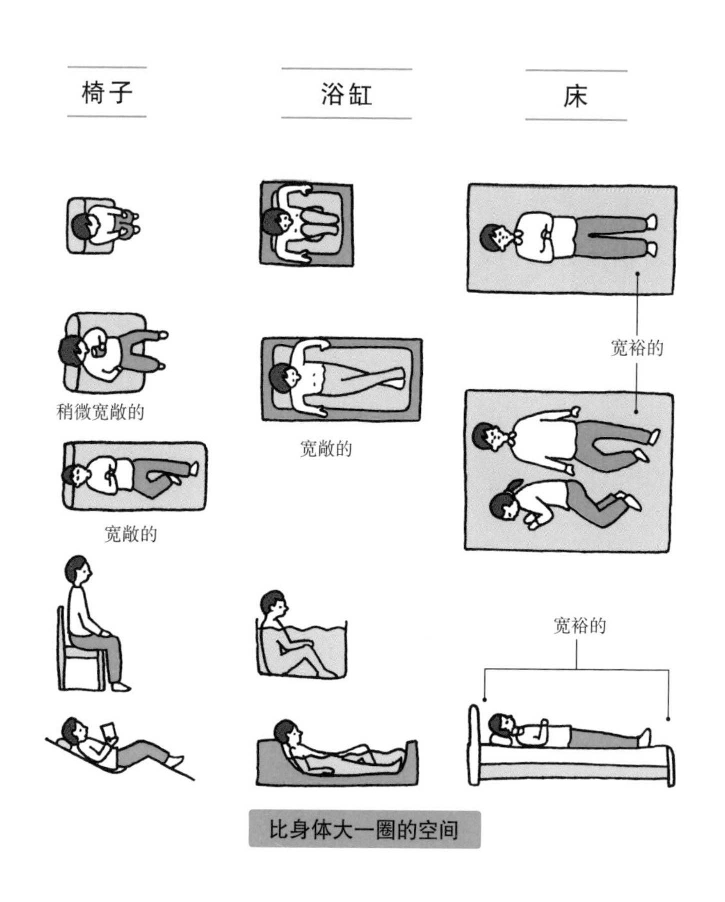

比身体大一圈的空间

浴缸的宽幅要比人的肩宽宽出 100 毫米左右，其长度（L）与深度（D）的关系为 L+D=1600~1700 毫米。

工作或用餐时所使用的椅子的尺寸是根据人的身长以及腰的宽度来决定的，即对于椅子的尺寸可以这样记忆：椅子的宽（W）、进深（D）、座高（SH）都分别为 400 毫米。在起居室休息时用的沙发比起椅子，其实更接近床的尺寸，座高（SH）的数值更低，座位更长。接下来，请自行思考一下厨房的操作台、餐台等设施的尺寸。

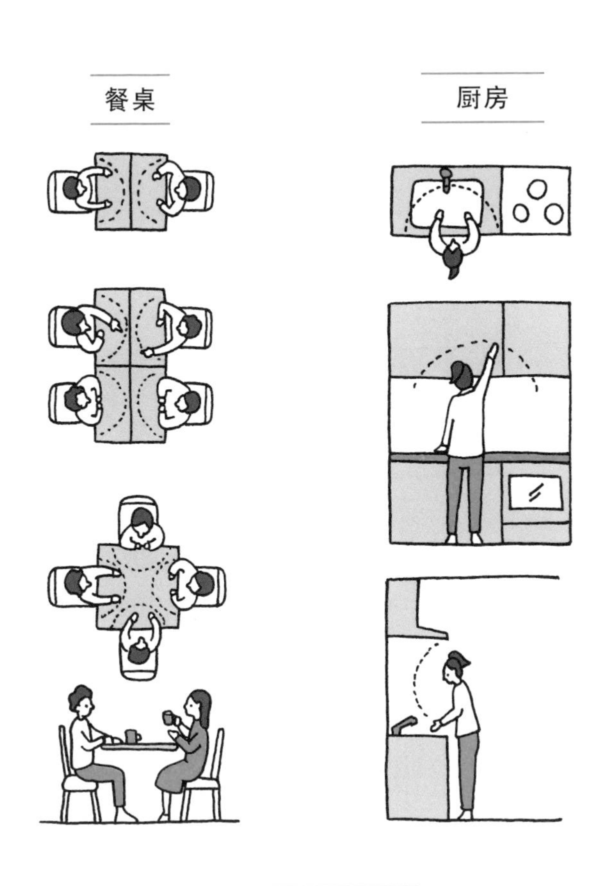

思考行动的空间

被称为『模数』的尺寸记法

勒·柯布西耶的模数

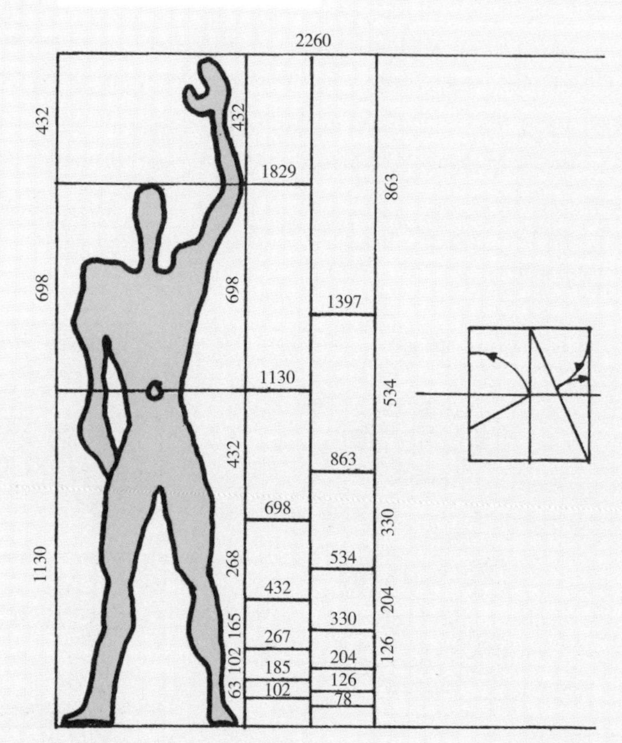

模数与动作

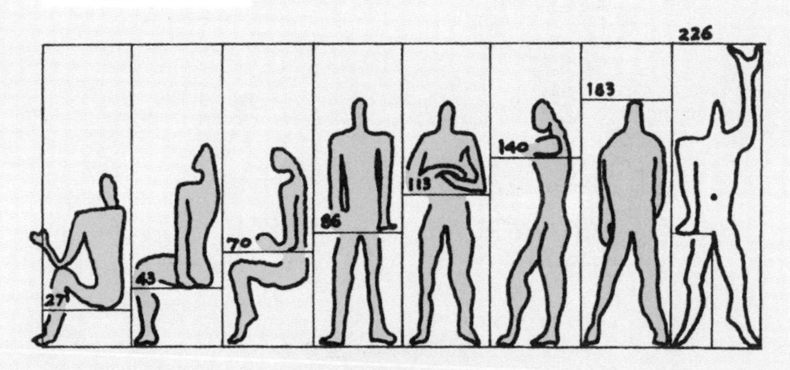

勒·柯布西耶模数的实验小屋——马丁角小屋

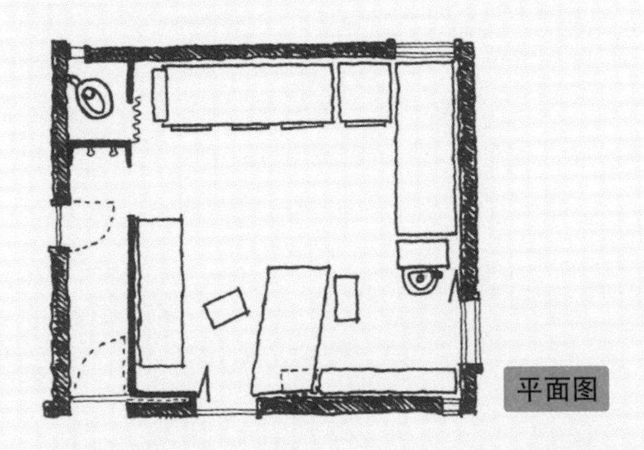

平面图

马丁角小屋的模数

A

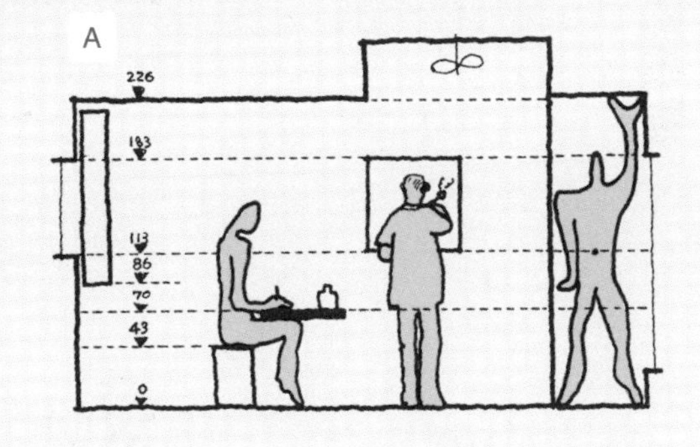

现代建筑巨匠之一的勒·柯布西耶，通过思考人体尺寸所占的空间比例提出了关于尺寸的体系，这就是模数。为了实际进行关于模数的测试，他布置了位于法国南部的马丁角小屋。

在这个小屋里，他进行了各种各样的行为与家具或者建筑之间关系的研究，如图 A、图 B 所示，桌子、椅子、床等的尺寸，以及窗、顶棚的高度都不需要用数字来进行记忆了，只要通过自身的身体尺度进行考虑，那么关于尺寸的记忆便不会出错。

B

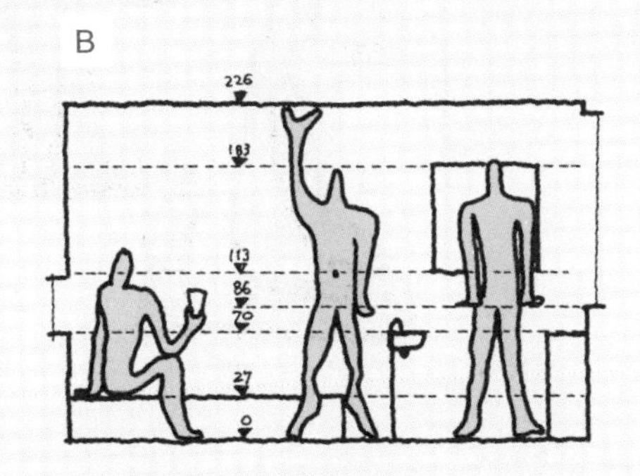

2.4 根据日本人的身高而确定的事物

日本人的生活习惯及体格与欧美人有很大的差别。同时，家具、住宅的形式与尺寸与欧美相比也大不相同。下面这张图参考了柯布西耶的模数图，但替换成了日本人的体格以及生活动作。通过这张图的日常生活姿态，请对比了解一下自身的身高以及各部位的长度尺寸。举个例子，通过站在椅子上可以更换灯泡的距离来设定棚顶的高度就是较为合适的，而窗的大小应该通过腰到头顶的高度来考虑。

根据日本人的体格而设定的模数

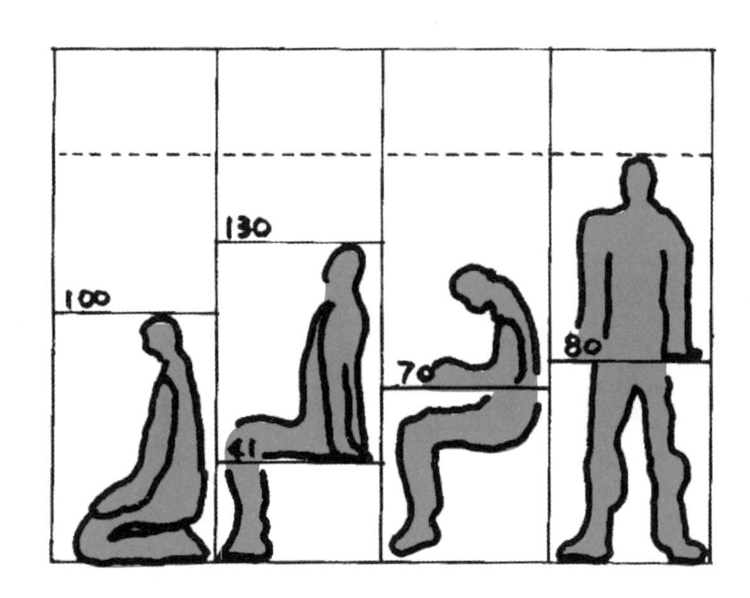

日本的住宅要满足日本人独特的生活习惯，如在榻榻米上跪坐并使用低矮的桌子，在室内习惯脱掉鞋子，还有既不属于室内也不属于室外的中间领域的“缘侧”空间，这个空间有很多使用功能。缘侧的高度是可以减少湿气进入住宅并充分适应人们进出，以及坐在上面可以自由换鞋的高度。因此，结合具体的使用方式思考其与人体尺寸之间的关系的工作十分重要。

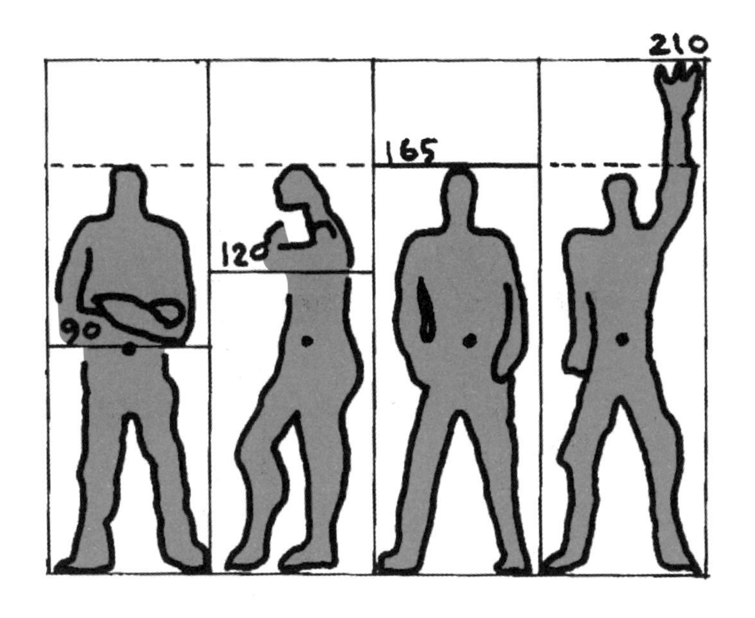

2.5

生活举动与家具或建筑高度之间的关系

站在椅子上可以够到棚顶的高度

正如前面所介绍的日本人的模数，使用这些模数并结合我们日常生活中的各种行为动作，就可以知晓家具或者建筑的高度。

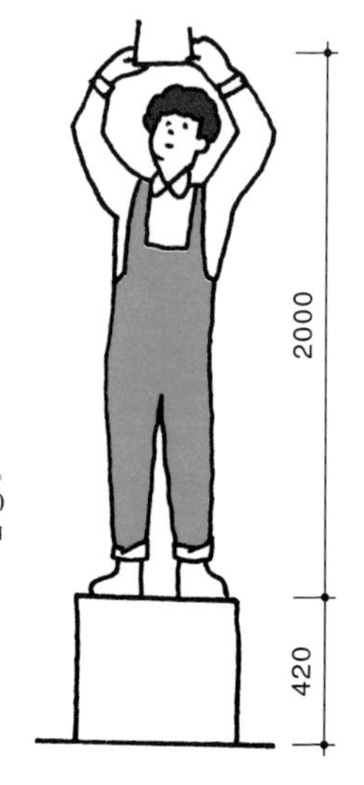

2000+420

棚顶的高度并不是越高越好。在这里，棚顶的高度为2420毫米，恰好是站在椅子上伸手可以够到棚顶的高度

棚顶带有检查口的情况下，会进行配管、配线等修理工作

虽然平时接触棚顶的机会比较少，但是在粉刷油漆或者更换壁纸的情况下就会接触到了

手可以举到的高度

1600～1700+300

需要举手的操作一般为使用吊橱或者为壁灯更换灯泡，所以 1900 ～ 2000 毫米恰好是收纳橱柜等的最佳高度

卫生间或者浴室就算是棚顶比较低也没有关系

需要伸手去够的较高位置的柜子用来收纳使用频度较低的物品

门上面的门栏的位置要设置在手可以举到的高度上

通过身高决定的事物

1600~1700

根据人的身高来决定的事物，首先是门等出入口。一般人使用的平均高度请按照身高 +α= 一帖榻榻米的长度（约 1800 毫米）来记忆。但是，现在我们的体格越来越健壮，1900 毫米或者 2000 毫米的身高也不在少数了

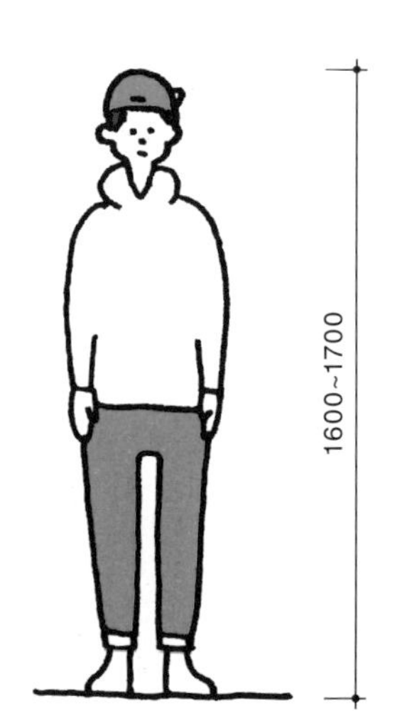

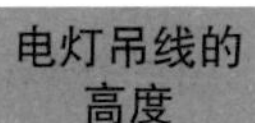

吊顶的高度，电灯吊线的预留长度为距离地面 1800 毫米

出入口

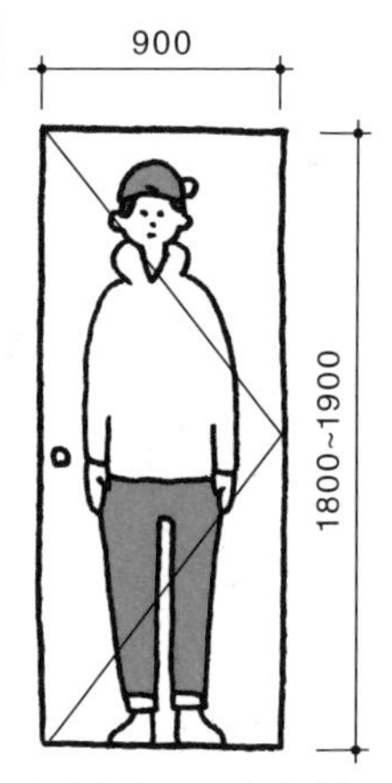

根据人的身高 +200 毫米计算，出入口高度在1800~1900毫米。制作门板所用的薄木板的一片的大小刚好是符合这个尺寸的

通过视线高度决定的事物

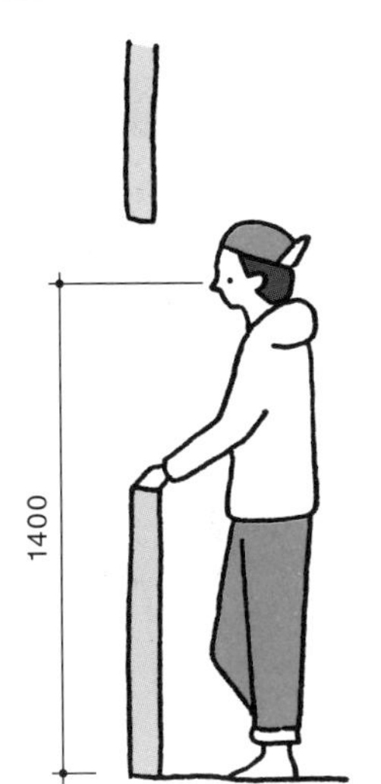

1400

窗户有采光及通风的作用，并且可以让人从室内看到外面的景色。为了保持良好的视觉效果，一定要有意识地考虑视线的位置

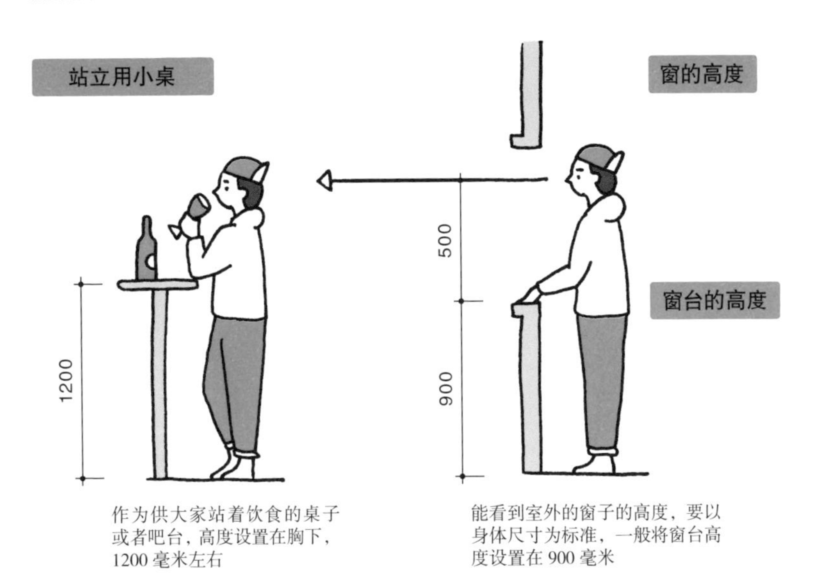

作为供大家站着饮食的桌子或者吧台，高度设置在胸下，1200 毫米左右

能看到室外的窗子的高度，要以身体尺寸为标准，一般将窗台高度设置在 900 毫米

弯腰作业的时候

850+650

由腰的高度来决定的最好的代表就是厨房的操作台，太低或者太高都会让操作变得困难，并且让腰部承受很大的负担

洗脸

750

厨房操作台

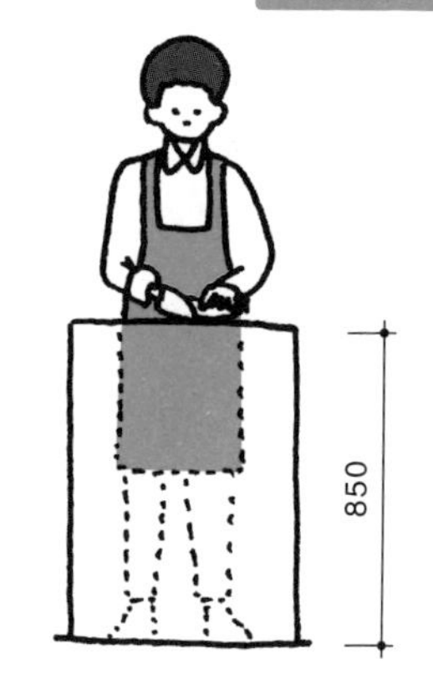

充分考虑洗脸姿势的情况下，洗面台的高度要比腰的高度低，750 毫米左右

厨房操作台的高度大概为身长的一半，设置在 850 毫米的话会便于操作

座椅的高度

400+300

现代生活中，坐在椅子上的操作越来越多，吃饭、学习、读书等都需要坐着，就算卫生间也都使用坐便。所以请考虑一下座位的高度，即膝盖的高度

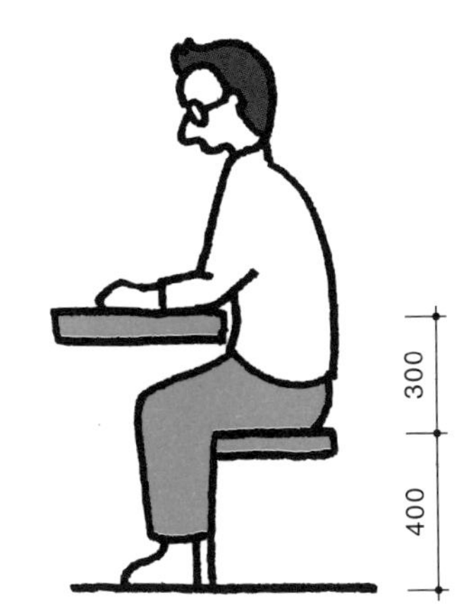

饮食的时候

书写的时候

矮桌子的高度在 500~600 毫米是比较合适的

吃饭或者书写的时候，桌子的高度在 650~700 毫米

跪坐，盘腿坐

0

在榻榻米上的姿势一般是跪坐或者盘腿坐。在榻榻米上可以开展各种坐姿活动、就寝等生活行为，要归功于日本优良的坐具与材料

茶道

自古以来，日本茶道、花道都是跪坐在榻榻米上进行的

喝茶

喜欢在榻榻米或者地板上盘腿而坐的人不在少数，搭配的桌子高度在 400 毫米左右

坐在缘上

450

日本的民宅有“缘侧”这个既不是内部也不是外部的灰空间，在这里可以充分感知四季的变化。可以坐在缘侧上休息，也可以将其作为招待客人的场所使用。缘侧是室内地板向外的延伸，考虑到在缘侧上的生活方式，也就可以更好地理解地板被设置成450毫米高度的原因了

坐在缘台上休息

缘侧的高度是十分适合作为椅子的，高度在400毫米。如果太高的话可以用脚下的石头进行调整

脱鞋

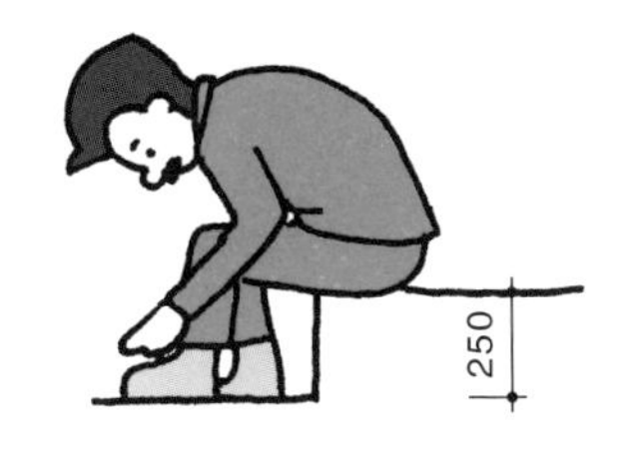

在穿鞋和脱鞋时，缘侧或者玄关的高差就显得十分重要，高度在250毫米

2.6

由『坐着』的姿态来决定空间的大小

观察我们的日常生活可以发现，坐着的行为占据了我们很多的时间。吃饭、学习、在电脑上查资料，甚至化妆、读书以及思考的时候都需要坐着，所以椅子和桌子的尺寸设计是不能马虎的，一定要结合身体的尺寸，设计出舒适而又功能完备的形态。根据吃饭、学习等不同的用途，椅子的尺寸也会相应调整。

例如，起居室里用来放松休息的沙发，座位的进深与靠背的角度非常重要。另外，椅子的弹性、与肌肤接触的感觉等因素都是值得注意的。

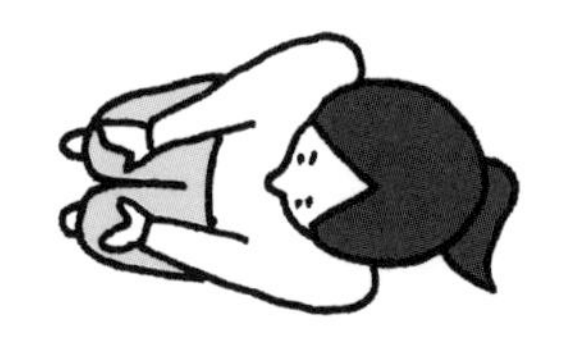

从上面看“坐着”的姿态

从侧面看“坐着”的姿态

生活中的各种“坐”的姿态

学习

靠在桌子上的姿势

吃饭

休闲的姿态

座位的长度加长
可适合背部后靠
的角度

排便

化妆

化妆以及读书或者使用电脑等

（1）由“坐着”的姿态来决定化妆空间的大小

根据身体尺寸与行为空间而
决定的桌子与椅子的尺度

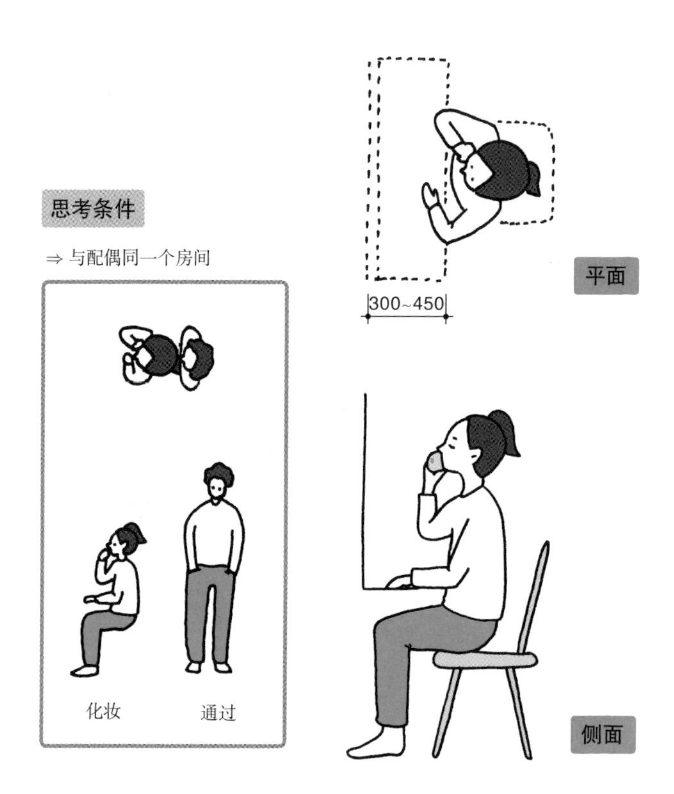

对于女性而言，化妆空间十分重要。除了化妆外，职业女性还需要在这个空间用电脑进行工作。如果化妆空间设置在寝室里，由于寝室设置了床、衣柜等必须物品，那么化妆空间面积不足就很常见了。对于化妆空间而言，最少需要半帖（榻榻米）的面积。

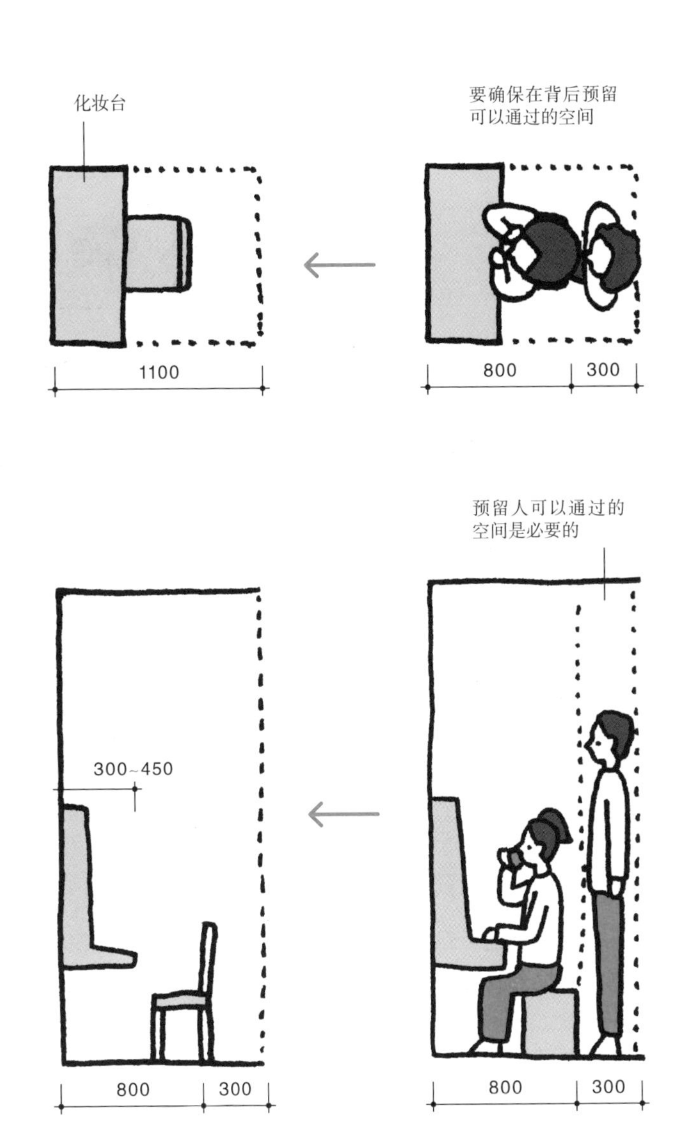
无人使用的时候
使用的时候
化妆台
要确保在背后预留
可以通过的空间
1100
800
300
预留人可以通过的
空间是必要的
300~450
800
300
800
300

(2)由“坐着”的姿态来决定学习空间的大小

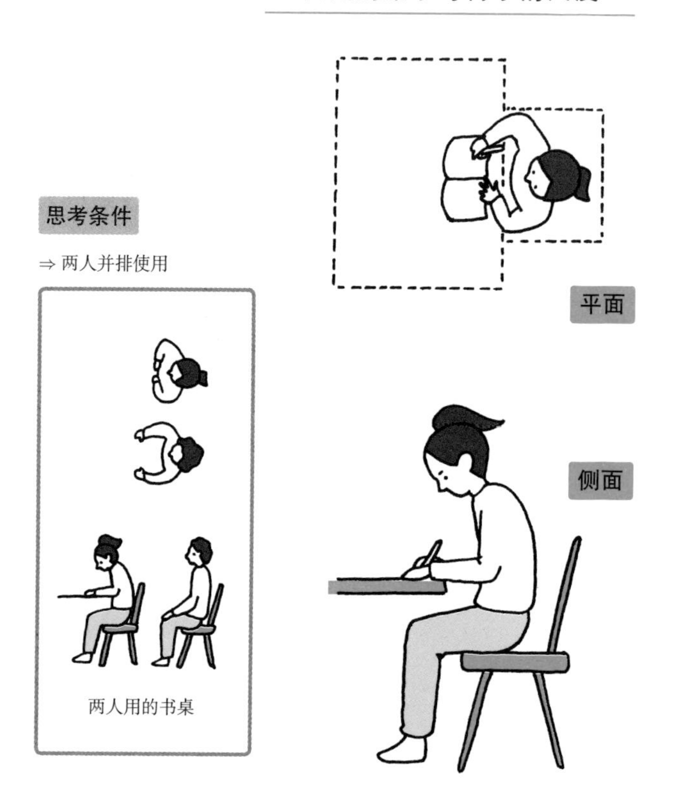

提起学习空间,大多数人会想到儿童房与书房。比起已经工作的父亲的书房,儿童房学习空间的重要性更能凸显父母对子女教育的重视。可以说,这里就是一个小书房了。

用于学习的房间除了要考虑“阅读、书写”行为之外,更需要考虑电脑的操作与使用。同时,为了阅读、工作的时候可以精力集中,过大或者过小的空间都不是理想中的适合人的空间。

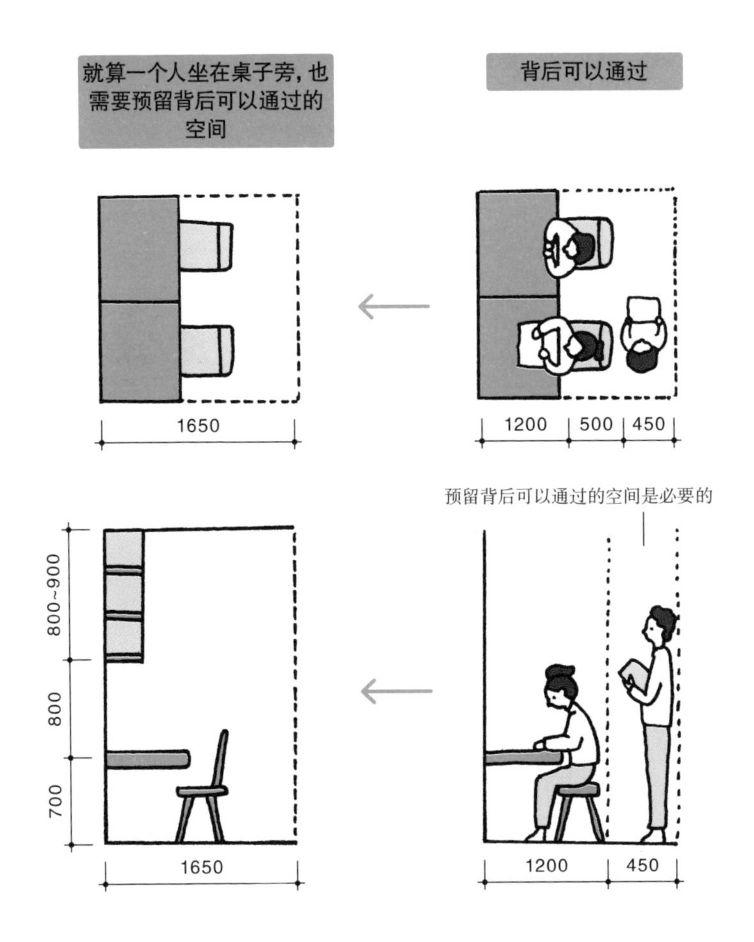

然而，在设计或者规划空间的时候也是有优先顺序的。如果书房的规划被忽略在整体空间规划之外，那么走廊里突出的部分、楼梯转角处可以设置放桌子、椅子以及书架的地方，虽然布置简单，但是也足可以供一个人使用了。这样的小空间的利用也是十分值得思考的。

（3）由“坐着”的姿态来决定就餐空间的大小

根据身体尺寸与行为空间而决定的餐桌与椅子的尺度

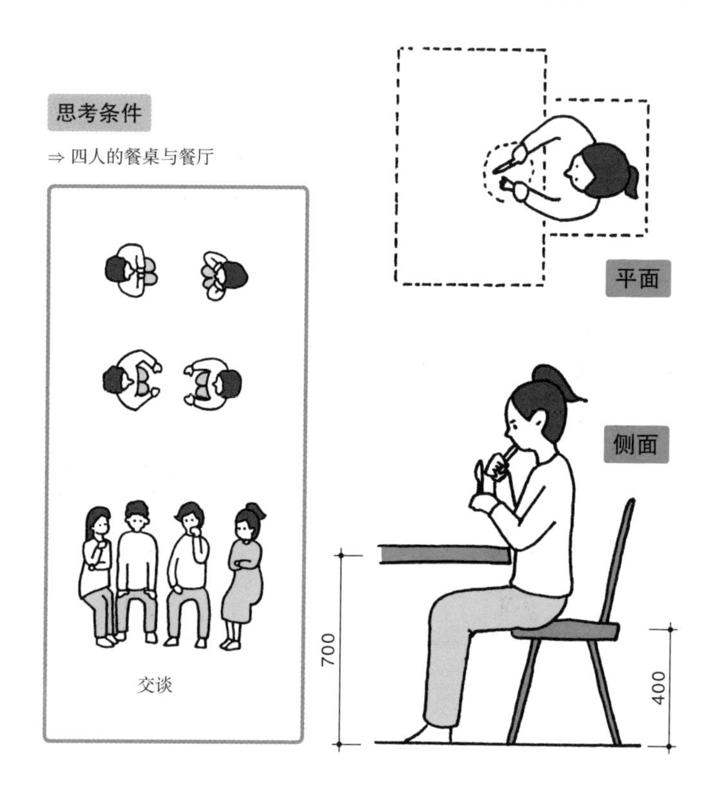

用餐的空间对家庭来说是非常重要的房间之一。餐厅不仅是大家一起吃饭的地方，也是家庭聚会的场所。

比起起居室，家庭成员在餐厅一起度过的时间更多，餐厅使得家庭成员之间的联系更加紧密。在吃饭的同时可以进行交谈，如果把厨房料理的功能也添加进来的话，这里就会成为使用密度最高的重要空间了。

最基本的餐厅空间要做到在周围预留好走道

四人的餐厅

餐桌周围人可以轻松通过的大小

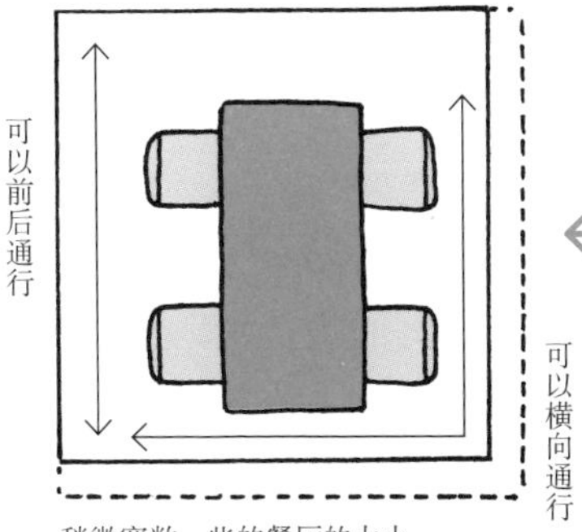

可以前后通行

可以横向通行

稍微宽敞一些的餐厅的大小

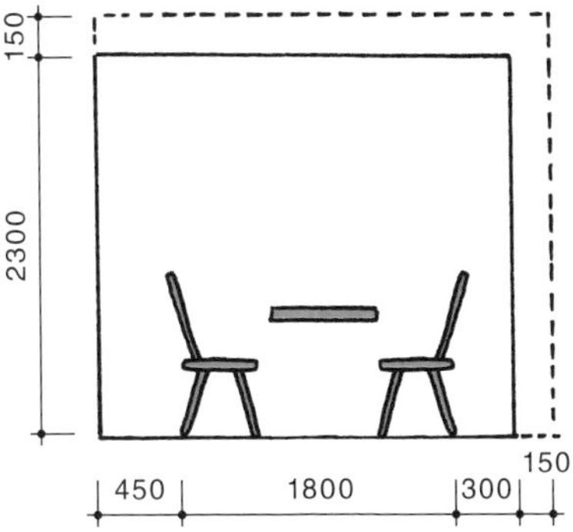

稍微局促的餐厅大小

450 1800 300

餐厅的标准大小

150

2300

450 1800 300 150

2.7

由『躺着』的姿态来决定空间的大小

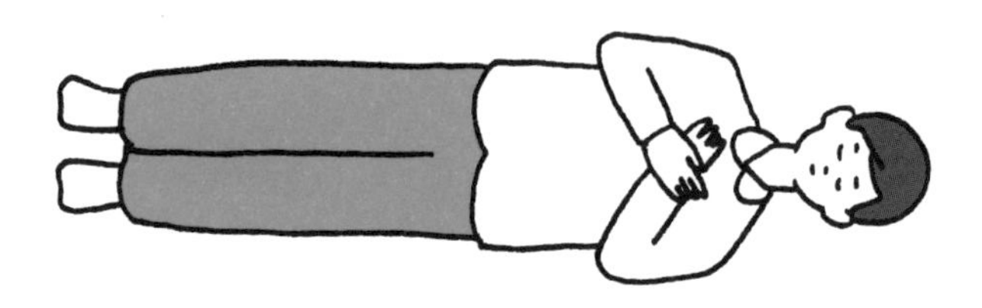

从上面看“躺着”的姿势

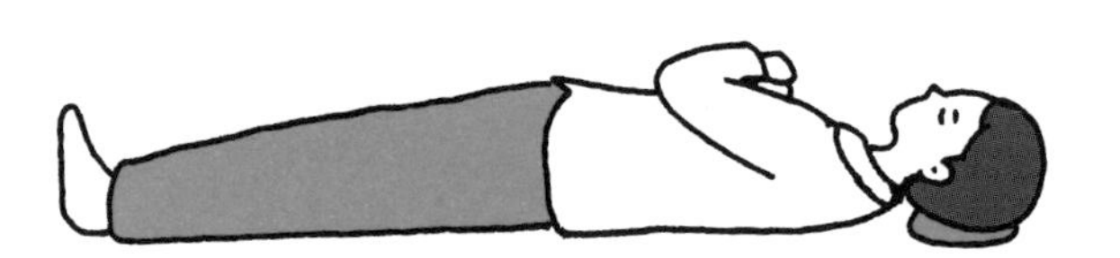

从侧面看“躺着”的姿势

“躺着”是人身体与精神都可以放松的姿势。无论是睡觉还是因病而卧床休息，“躺着”都是身体最重要的放松模式。换句话说，“躺着”的姿势是人类从出生开始保持体力最小限度消耗的姿势了。

不仅是平躺的姿势，上半身稍微抬起的姿势在日常生活中也并不少见。读书时经常使用的起居室的椅子，除了正常的睡眠外小憩时也会用到的床，使用这些时用的都是令人十分放松的姿势。

生活中的各种“躺着”的姿势

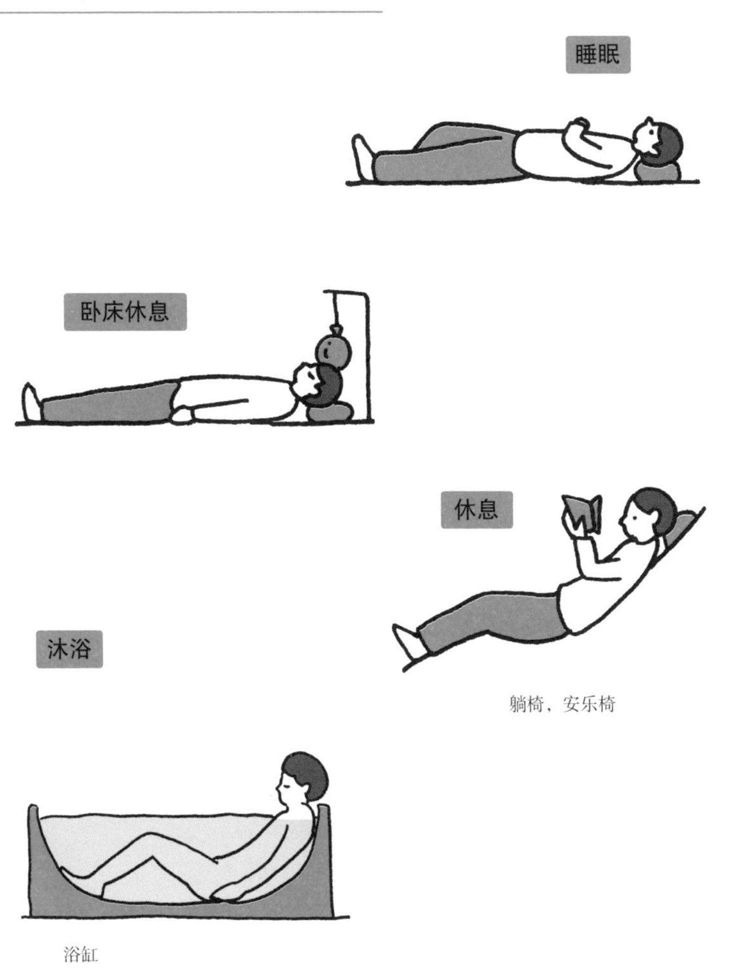

躺椅，安乐椅

浴缸

另外，在浴缸里泡澡的时候也是躺着的姿势。身体可以在浴缸里进行充分伸展，比起清洗效果，身体及精神上的放松才是浴缸更为突出的效果。

（1）由“躺着”的姿态来决定床的大小

就寝时的动作、行为

思考条件

床的大小及其尺度应该通过什么来决定呢？

首先，身长与肩宽是基本的决定因素。但是，人在睡眠过程中常常会变换各种姿势。根据睡姿的变换，人所需要的活动范围也不一样。床的尺寸选择一定要根据人的睡姿不同而决定。有很多不同种类的成品床可以很好地满足不同身材以及睡姿的需要。例如，满足两人使用需求的双人床，有宽松的大号床（Queen-size bed），以及为体格健硕的人准备的特大号床（King-size bed）。

选择床的时候，长度可以根据自己的身长加 300 毫米，宽度则根据肩宽的 2 倍进行选择，这样就会选择出一款非常适合自己的成品床。

床的大小

单人床
2000
1000
双人床
2000
1400
大号床（Queen-size bed）
2000~2100
1600
特大号床（King-size bed）
2000~2100
1800

（2）由“躺着”的姿态来决定浴缸的大小

入浴时的动作、行为

思考条件

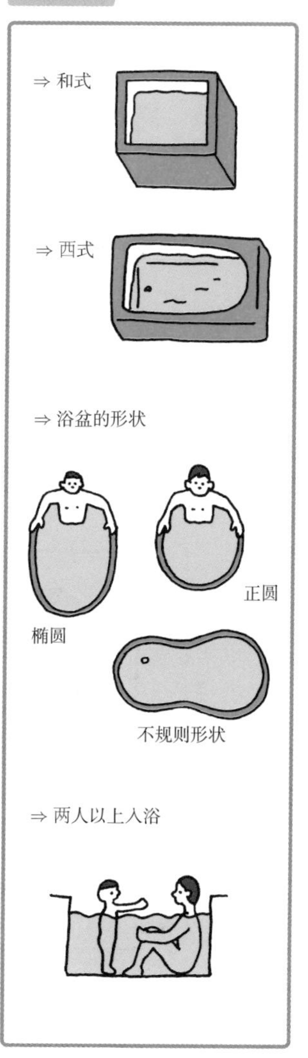

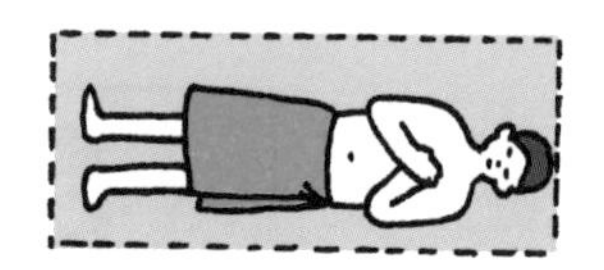

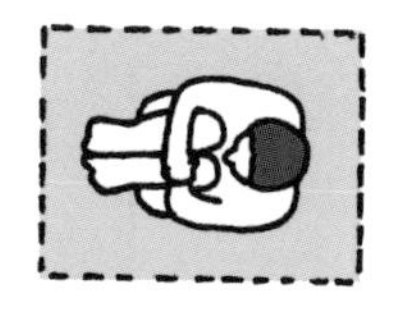

在浴缸里入浴也是一种“躺着”的姿势。浴缸或浴盆主要以西式为主。入浴可以使身体健康，无论身体上还是精神上都可以得到放松，是十分值得重视的洗浴方式。

在热水十分宝贵的年代，全埋入型浴缸是十分高效的。但是如果想更好地放松的话，西式浴缸的形态却是更好的选择。

和式的浴缸多以较深的浴盆形式为主，但需要腿部弯曲后入浴。

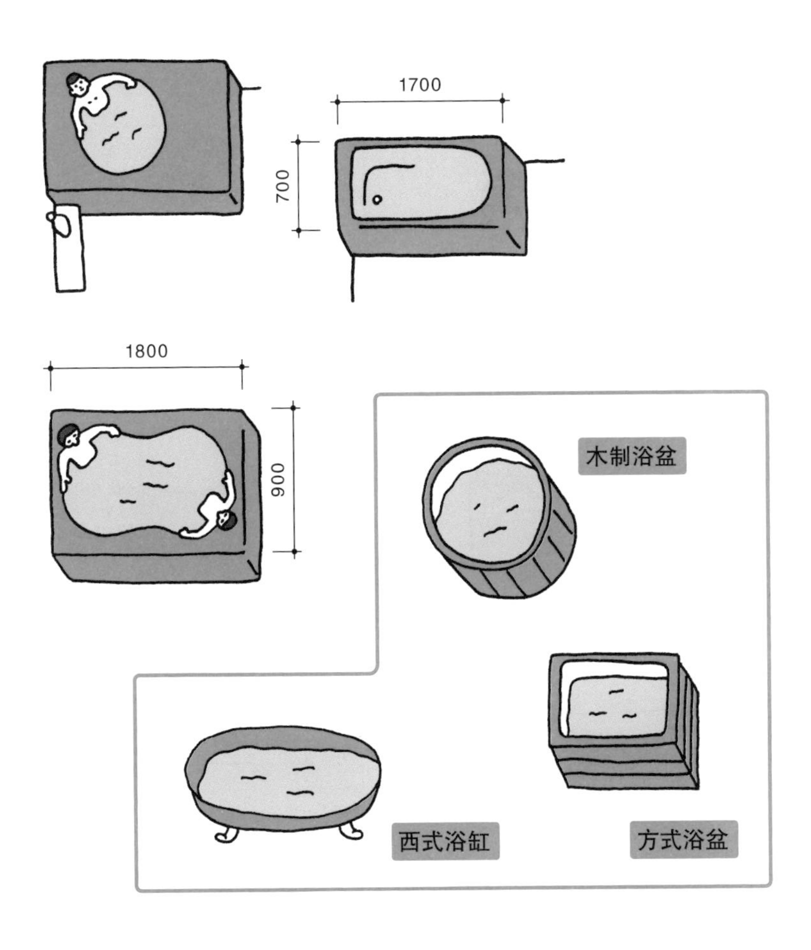
1700
700
1800
900
木制浴盆
西式浴缸
方式浴盆

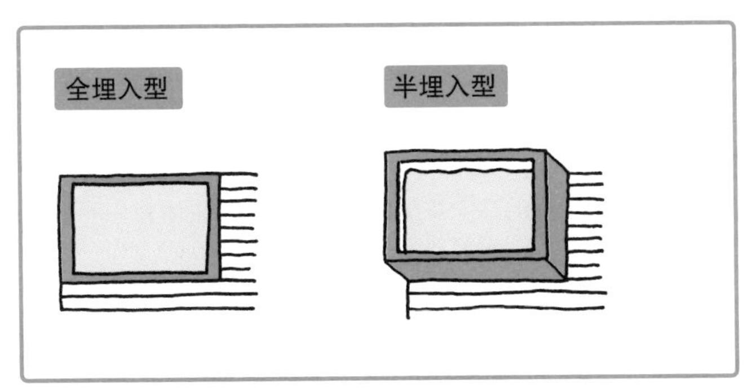
全埋入型
半埋入型

2.8

由『站立』的姿态来决定空间的高低

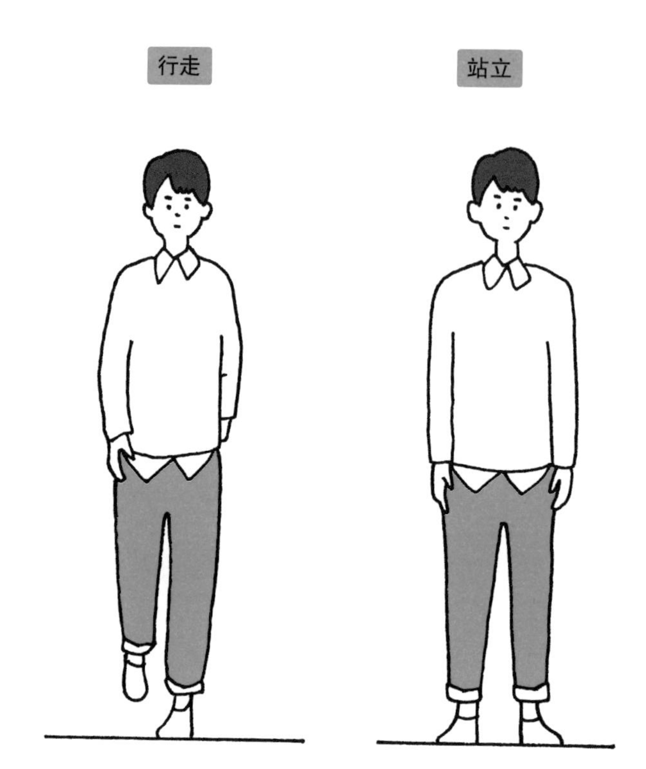

根据“站立”的姿势而决定的事物最明显的是空间的高度了。

出入口或者窗口的开洞尺度，厨房的操作台或者办公桌的高低程度，都会影响到使用者的舒适度。不符合人体工程学的尺度会增加疲惫感，甚至会影响到工作效率，所以这些尺度一定要谨慎地决定。天花板的高度过高时虽然会有很好的开敞性，但却无法带来安定感。相反，如果空间高度过低则会有强烈的压迫感。房间的面积与天花板的高度是十分重要的，可以去体验一下让人舒适的空间高度，并对这个空间进行测量，以便养成良好的尺度感。

生活中的各种“站立”行为

（1）由“站着”的姿态来决定厨房用具收纳空间的高度

厨房中的动作、行为

思考条件

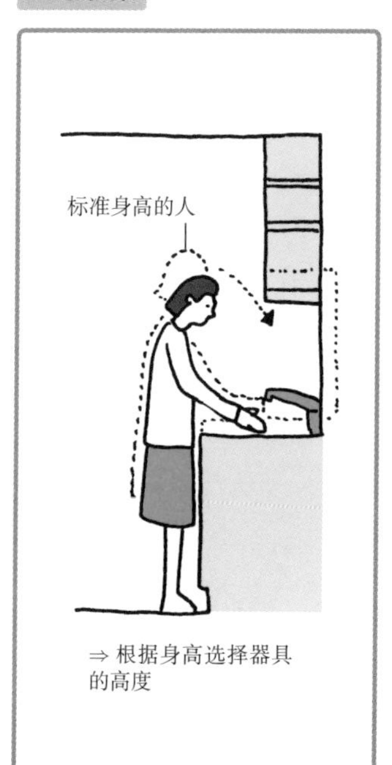

⇒ 根据身高选择器具的高度

⇒ 使用人数
一人或者多人

站着操作比较多的场合是烹饪、洗碗、收纳碗筷用具的时候，都是需要一些体力的劳动。因此，为了尽量减轻体力劳动，料理台可以以减轻疲劳感为出发点进行配置。特别是水槽、灶台等的高低程度关系到腰部的疲劳与否，所以一定要根据自身的情况来选择合适的尺寸。

厨房的进深

厨房的操作范围

操作台的高度应为身体的一半

厨房的高度

吊柜

照明
避免直射眼睛的高度

2100

850

收纳的高度

2200 ~ 2500
轻巧的小物

2000

1600

1400

600

重物

（2）由“站着”的姿态来决定门窗开口位置与栏杆扶手的高度

站立的动作、行为

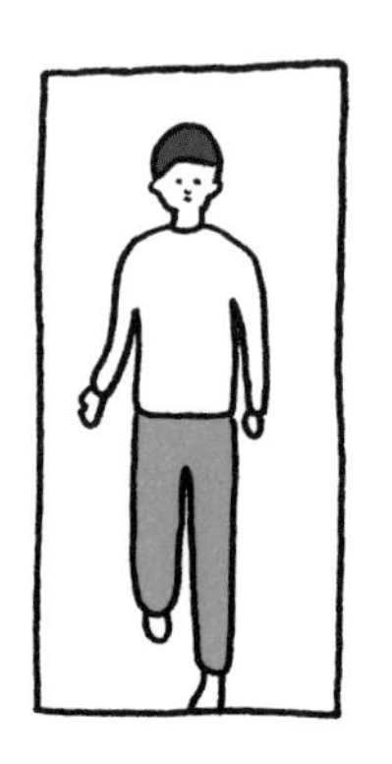

必须思考的事情

出入口并不只是单纯为了让人通过，还有家具等物件的搬出搬进，所以确保顺畅通行的尺寸非常必要。

窗户可以用来眺望室外的景色，对光与新鲜空气的摄入也起到重要的作用。窗户高度的设定、开关的便利性、窗台扶手的高度不仅要考虑适合身体的尺度，更要从安全方面进行思考。

眺望的取景框

大型家具的搬进搬出

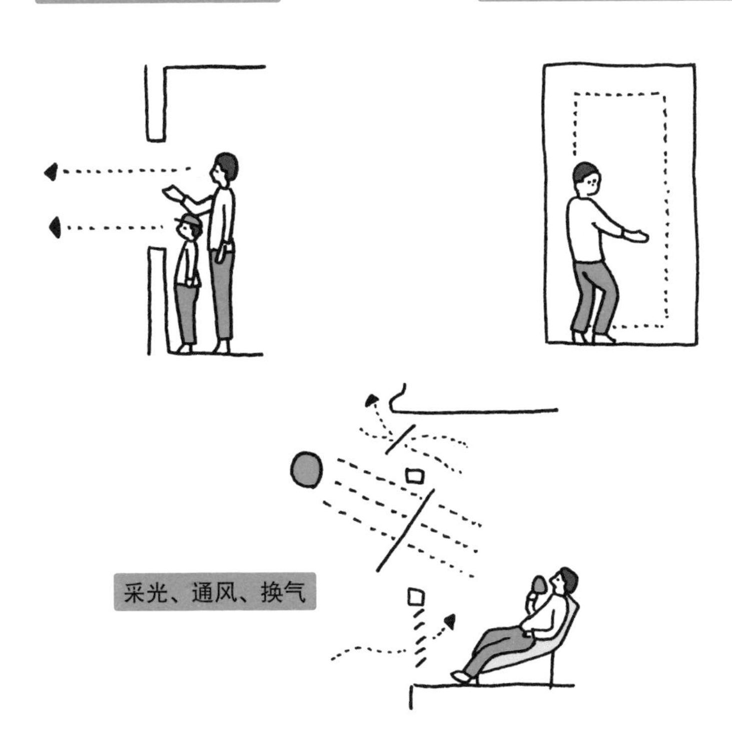

台阶上方的高度与扶手的高度

保持良好私密性与通风、换气

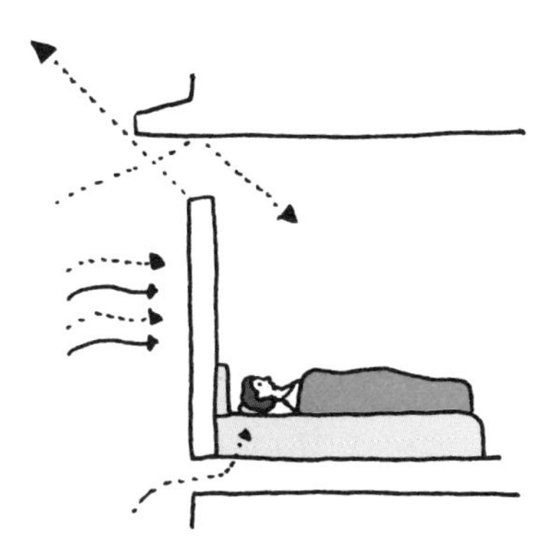

椅子的法则（从椅子到床）

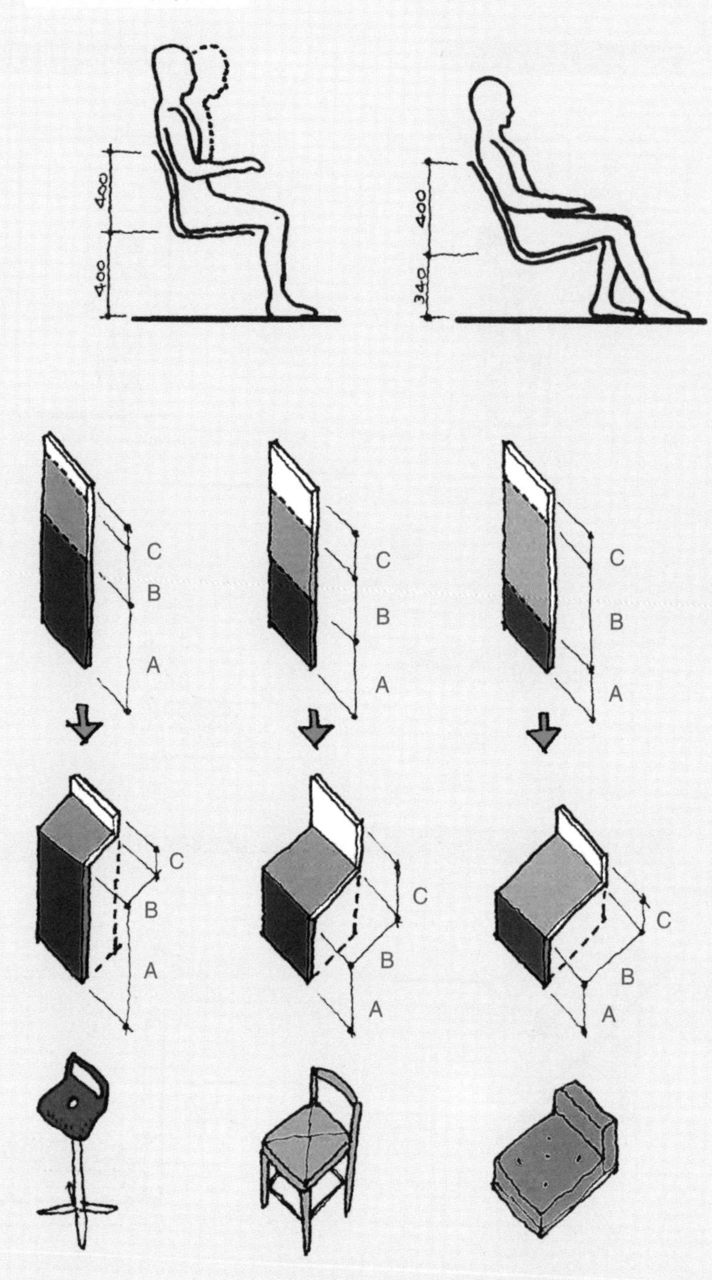

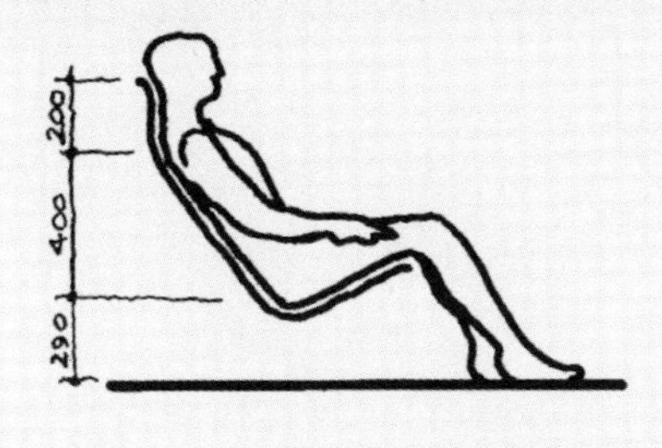

椅子是由“脚、座、背”三要素构成的。非常有趣的是，椅子的基本形态根据三要素的尺寸是有一些法则可以遵循的。设椅子腿的高度为 A、座的进深为 B、椅背的高度为 C，那么 A+B+C 在 1200~1300 毫米间，这样的法则是可以通用的。

对躺椅来说，这个法则也适用。当然，如果是更加追求舒适的大型躺椅，会更加接近水平的床的尺度。

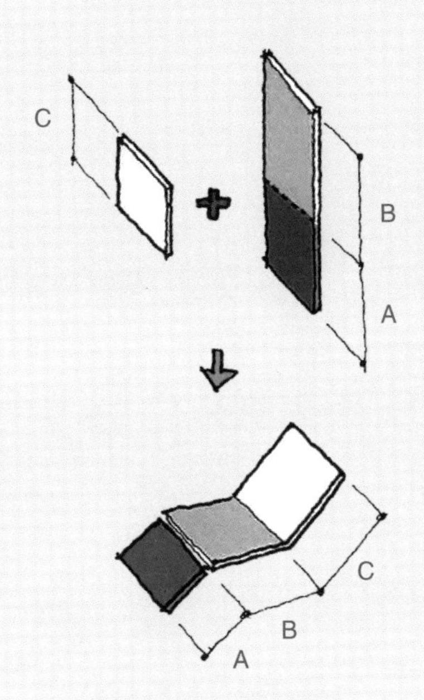

椅子的法则

A+B+C ＝ 1200~1300

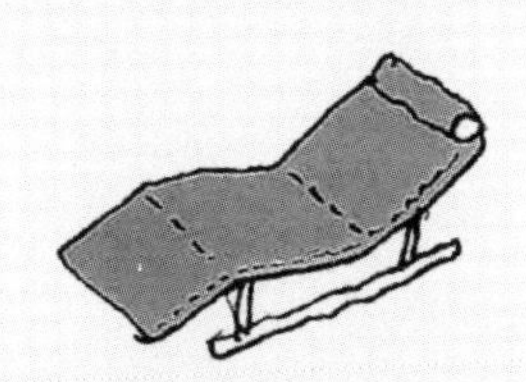

2.9

房间的面积由在房间里生活的人数、房间用途，以及所需要的家具等的大小来决定。

思考卫生间的大小

例如，卫生间的便器的大小，以及对其进行安装、维修管理、清扫等需要的相应的操作空间，也就是说，要留有足够的“余地”。

这个“余地”是按照自己的身体尺寸，分析家具或便器在实际使用过程中所占用的空间后得来的房间的大小。

人在厕所的行为和便器的关系

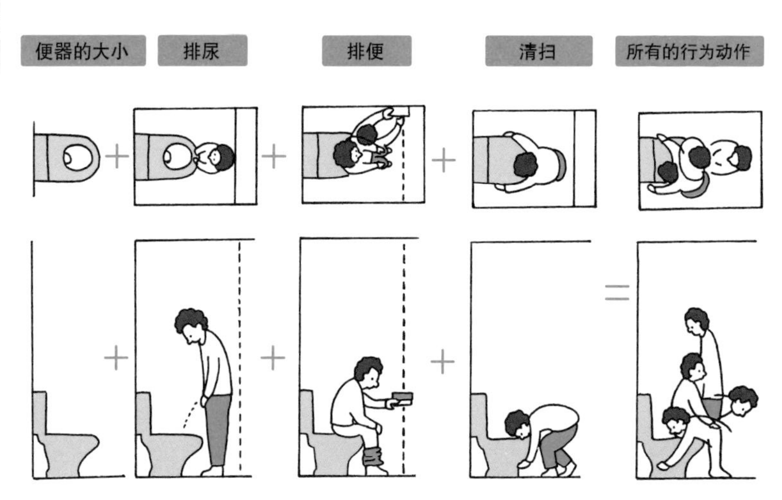

思考卧室的大小

在卧室里使用床的家庭越来越多了[1]。除了被放置所占据的空间大小之外，床铺的清扫及整理也需要一定的空间面积。那么，在考虑了打扫需求，以及其他的日常行为之后，请仔细思考一下卧室的整体面积到底需要多少。

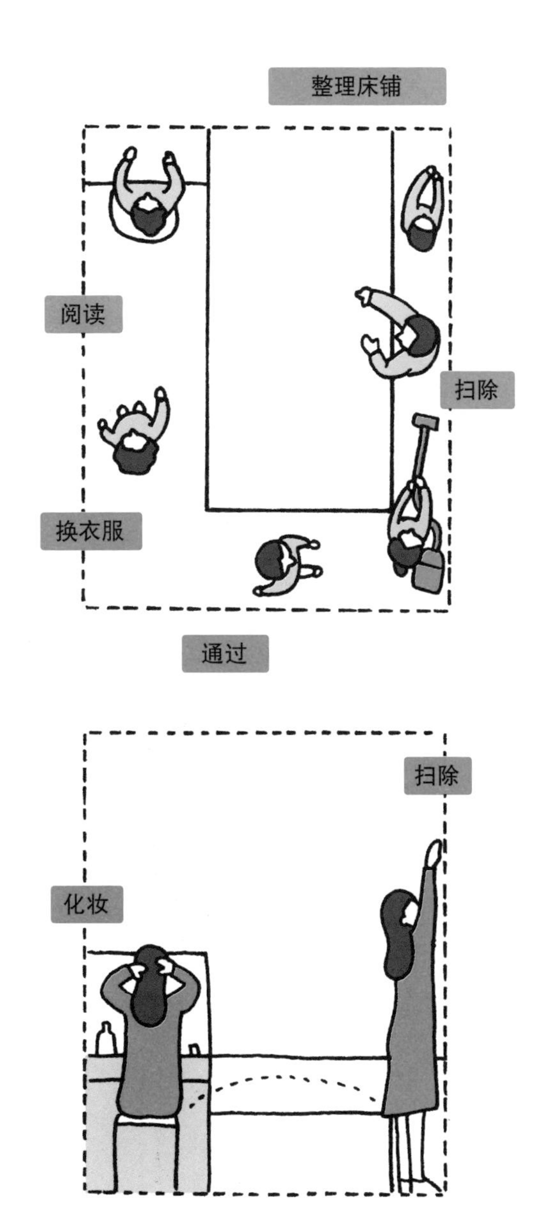

译者注：

[1] 因为日本传统的睡眠方式是在榻榻米上铺床垫，所以这里会单独指出近期使用“床”的家庭多了起来。

卧室的例子

平面图

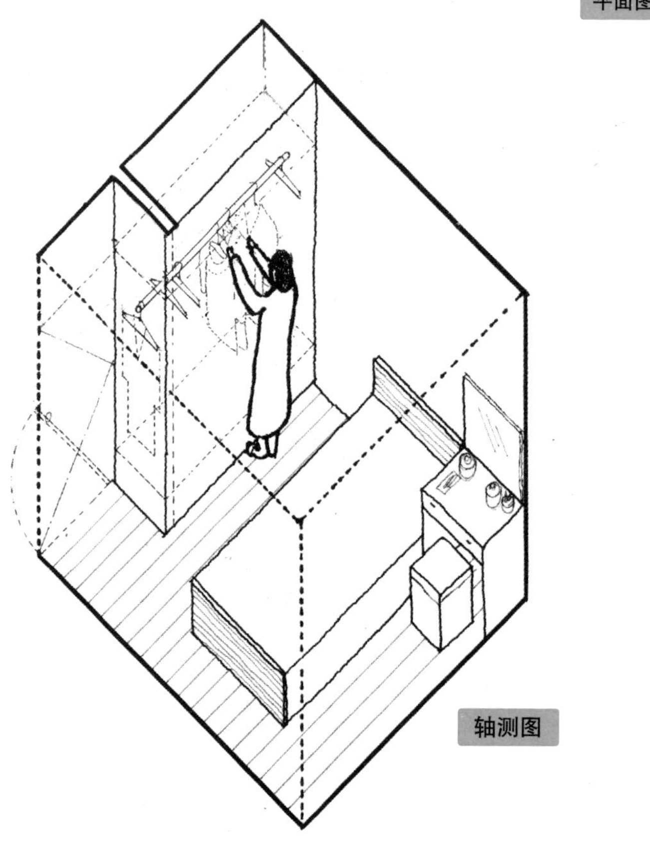

轴测图

和室是尺度感之源

和室是认知空间的宝库

日式建筑（和风建筑）的茶室的代表性建筑一般指“数寄屋”和“书院造”。而说起日式建筑（和风建筑），人们首先想到的肯定是推拉门、木隔扇、壁龛[2]及榻榻米。

千利休创作的“待庵”是只有 2 帖榻榻米大小的空间，但却是主人与客人两人相处的氛围浓厚的空间。“待庵”向人们展示了空间的丰富性和舒适度不是单纯通过面积大小来决定的。

虽然日本关西与关东地区的榻榻米尺寸有所不同，但是只要记住 1 帖榻榻

译者注：

[1] 待庵：日本最小单位的茶室。

[2] 日式壁龛：位于房间内一个角落，既为神圣的装饰场所，又为表示社会地位高低的场所。一般会陈设书画、插花等，营造“禅”的意境。

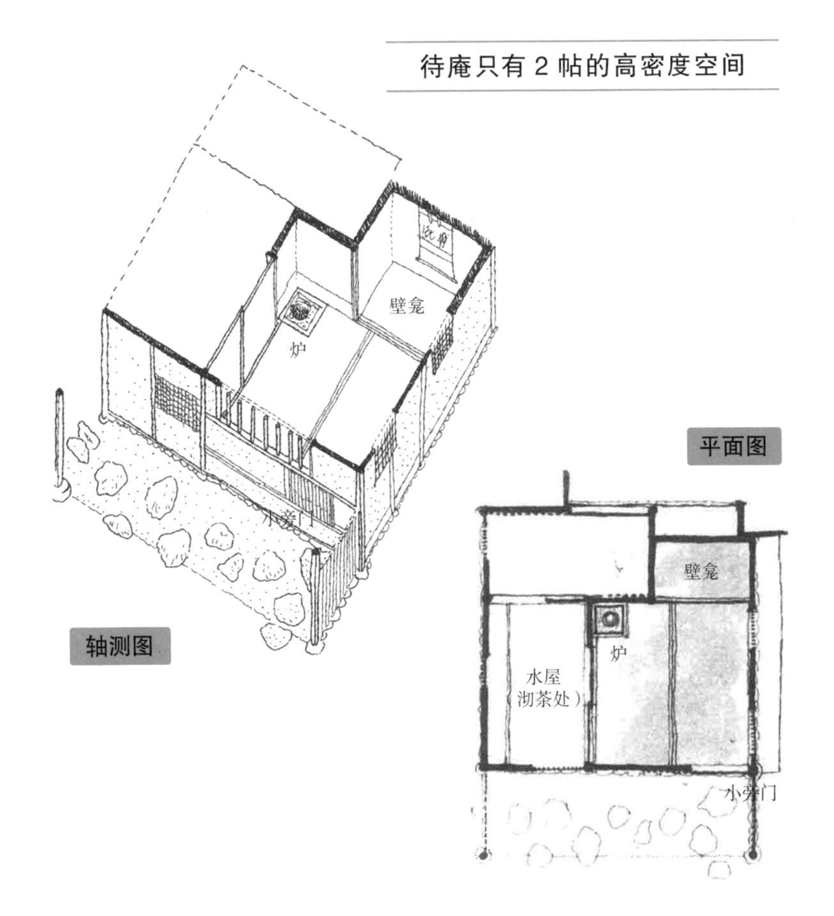

米尺寸大概是 900 毫米 ×1800 毫米就可以了。这样的话，根据榻榻米的帖数就可以感知面积的大小。同时，表达面积大小的时候，可以直接描述成“三帖、六帖的面积”，这也算是日本人所特有的尺度感了。近些年，在实际生活中，日式房间正慢慢减少，榻榻米的使用也减少了，因此通过榻榻米的帖数来感知空间尺度的状况也正在消失，这真的是非常可惜的事情。另外，有时候公寓里榻榻米的尺寸会偏小，通过增加帖数来显示房间尺度的例子也是有的，所以还是事先牢记榻榻米的大小比较好。

榻榻米的铺装方式

榻榻米分割和柱距分割

日本住宅为梁柱结构，柱间距以2间（约3600毫米）、3间（约5400毫米），即3尺、6尺的基本尺度来设计。以柱间距尺寸为基准决定布置的为“柱距分割”。以榻榻米大小为基准来决定柱间距布置方式的为“榻榻米分割”。

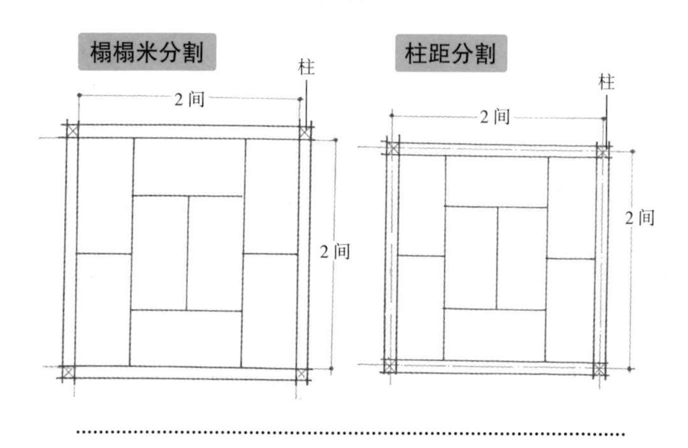

榻榻米的铺装方式是具有一定原则的。为了避免编织榻榻米的灯芯草散开，在长边的一侧设置了封边条。根据铺装方式的不同，封边条重叠的部分会显现出来，这样一来就非常容易数出榻榻米的数量，也为快速知晓房屋面积提供了便利。

吉利的铺装与不吉利的铺装

如果榻榻米平行对齐铺装的话，咬合的部位会呈现出十字交叉的形态，这就是“不吉利的铺装”。一般这种铺装方式的房间只在进行葬礼等仪式的时候使用。而“吉利的铺装”是如下图这样以T形交叉的形式，不能出现十字交叉的形态，这也是大多数和式房间的榻榻米铺装方式。

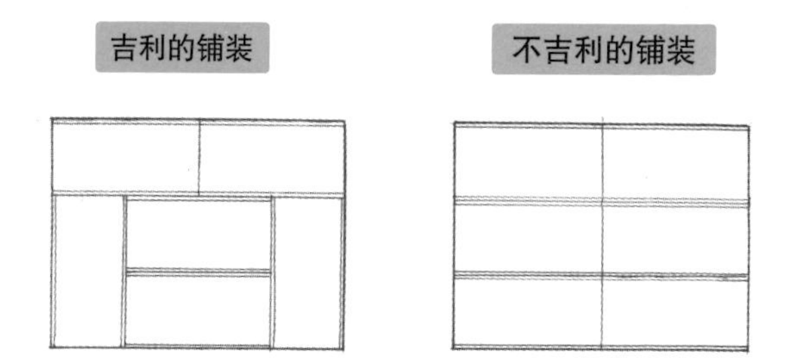

榻榻米的封边条

榻榻米是如同凉席般的编织品，由灯芯草（蔺草）编织而成。为了不让灯芯草的两端散开，在端头用布进行封口，这就是榻榻米的封边条。也因为这样，原则上封边条只存在于长边的一端。短边因为编织的时候可以进行卷边，所以不需要封边条。但有一种“琉球榻榻米”，1 帖相当于 1.5 帖榻榻米的大小，四边都用封边条进行了封边。

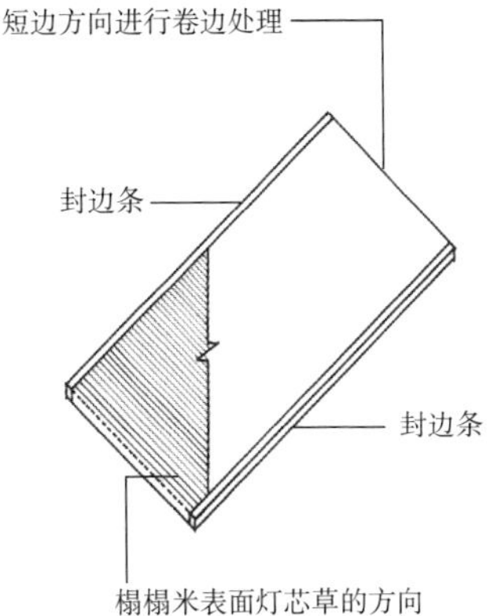

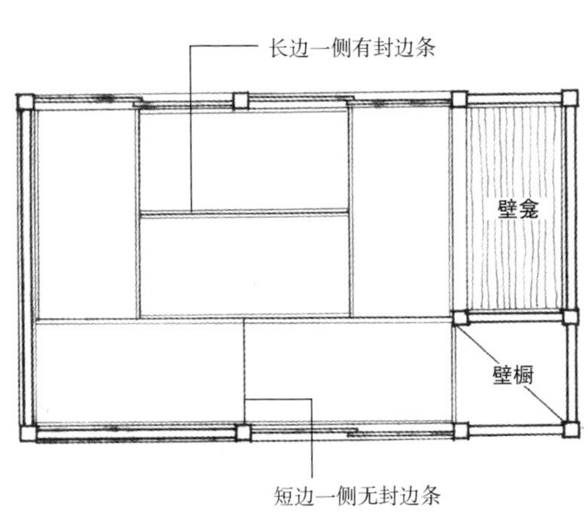

床刺 [1]

榻榻米与壁龛交接的位置呈现直角的铺装方式被称为“床刺”，这种铺装方式很忌讳，要避免。

正确的铺装

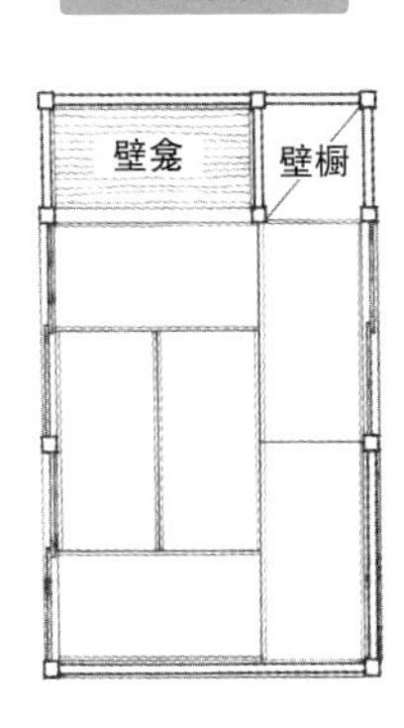

床刺的铺装方式

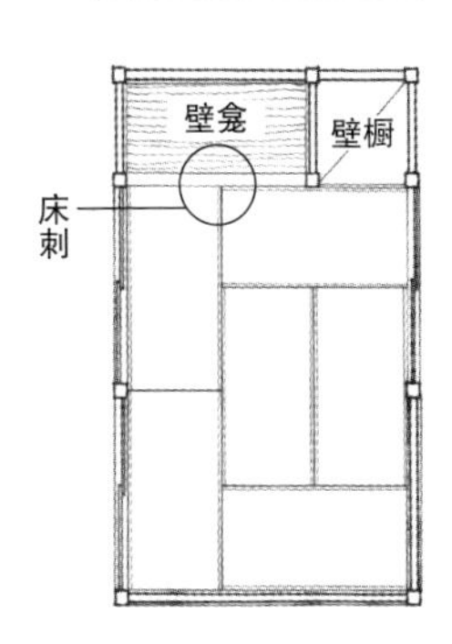

译者注：

[1] “床刺”通常是作为日本传统武士家族里用来切腹的房间的铺装方式，普通房间要避讳。

3.3 榻榻米的尺寸与生活场景

“坐着的面积为半帖，睡觉的时候为 1 帖”，像这样因榻榻米的帖数不同具体会展开什么样的生活呢？让我们通过这些思考来培养一下空间尺度感吧。

如果单纯只是通过“坐着的面积为半帖，睡觉的时候为 1 帖”来思考的话，两个人坐着的时候需要 1 帖榻榻米，两个人睡觉的话就需要 2 帖榻榻米。但实际上，睡眠时我们是需要铺褥子的，那么根据褥子的大

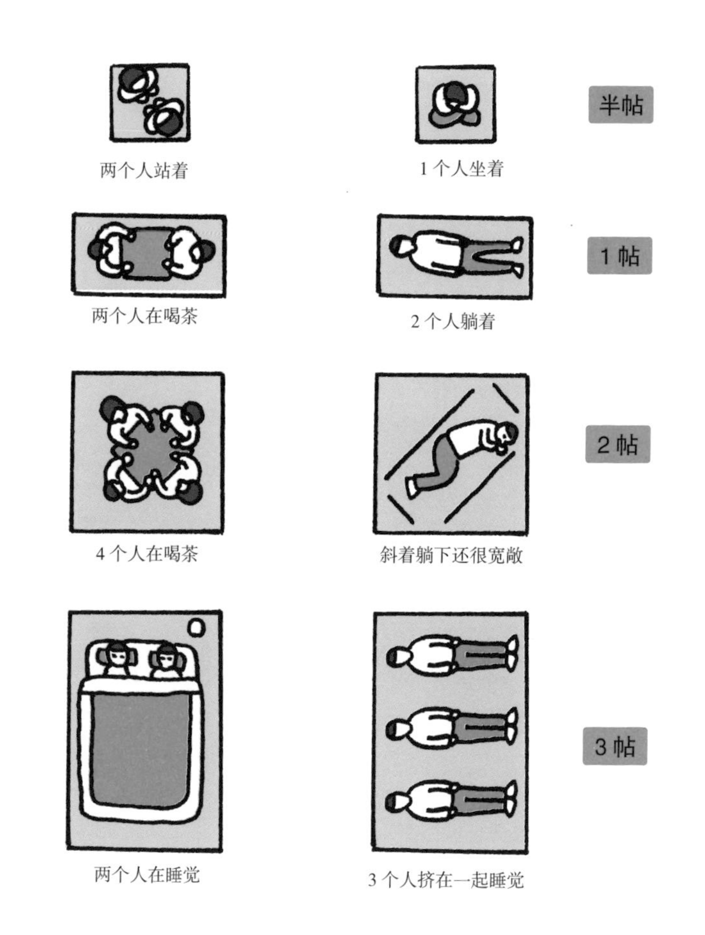

两个人站着

1 个人坐着

两个人在喝茶

2 个人躺着

4 个人在喝茶

斜着躺下还很宽敞

两个人在睡觉

3 个人挤在一起睡觉

小以及不要踩到褥子上的要求，周边的走道空间同样需要考虑。

像这样对实际生活进行观察，根据生活行为场景思考到底需要多少帖榻榻米，大概就知道自己需要多大的空间才足够了。

另外，对于实际在榻榻米的房间里生活的人而言，以自身房间的大小及生活体验为基准来思考舒适的空间设计的话，会得到事半功倍的效果。

3 人桌并设置电视机

宽敞的 4 人桌

4帖

褥子上睡觉的两人

容纳 4 人的茶室

4 帖半

6 帖

8 帖

在中间的位置设置 6 人桌

在中间的位置设置 8 人桌

两人分别在褥子上睡觉

两人分别在褥子上睡觉，枕头和脚边都有行走的空间

10 帖

C 形的十人客桌，中间部分可以为客人提供服务

12 帖

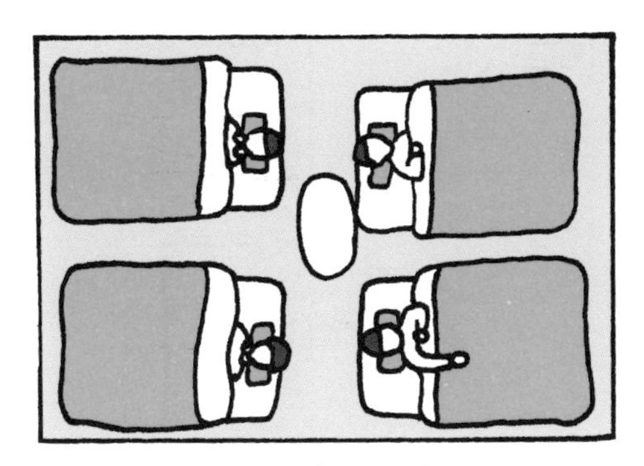

4 人在褥子上睡觉

3.4

通过榻榻米的数量来记『空间熟语』

单词的罗列可以成为“口诀”。在这里，我们来通过榻榻米的帖数与功能的关系来思考口诀吧。

比如说，普通的住宅楼梯所需的面积是“2 帖榻榻米”。如图所示，2 帖榻榻米无论如何摆放都是没问题的。这就是“空间熟语”[1] 的展现。

“空间熟语”是我本人造出来的词汇，用于总结根据榻榻米帖数所展开的行为，并使其用于认识和理解居住设计的基本尺度，是非常有效的。例如，卫生间的面积是“1 帖榻榻米”、浴室包括浴缸以及喷淋洗浴的地方是“2 帖榻榻米”。像这样把空间与榻榻米的数量关联起来，就成了“空间熟语”，请尝试记忆一下。

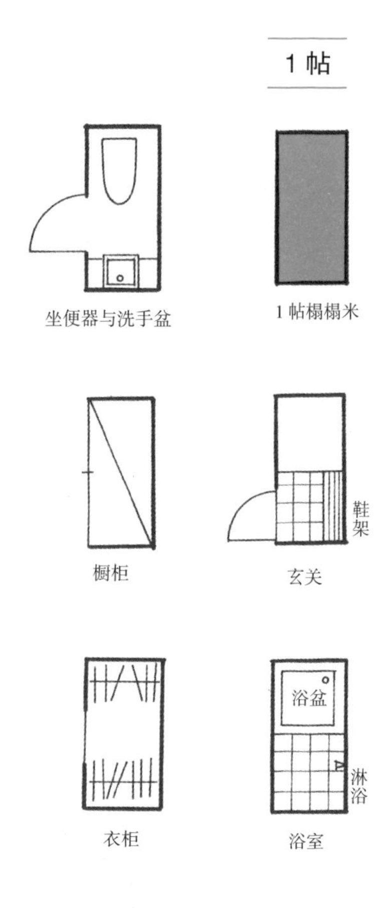

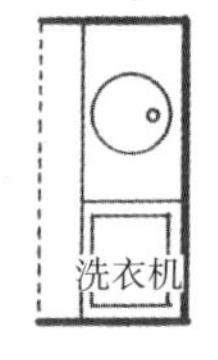

洗脸盆 / 洗衣机

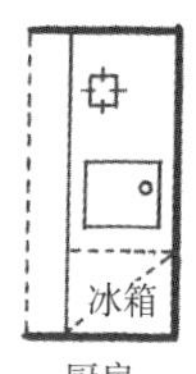

厨房

译者注：

[1] “熟语”在日文中表示惯用语或者成语，在本书中表示作者根据多年经验总结出的一些空间尺度的规律，是作者造出的一个词组。在翻译的时候保留了原日文的汉字，进行了直译。

2帖

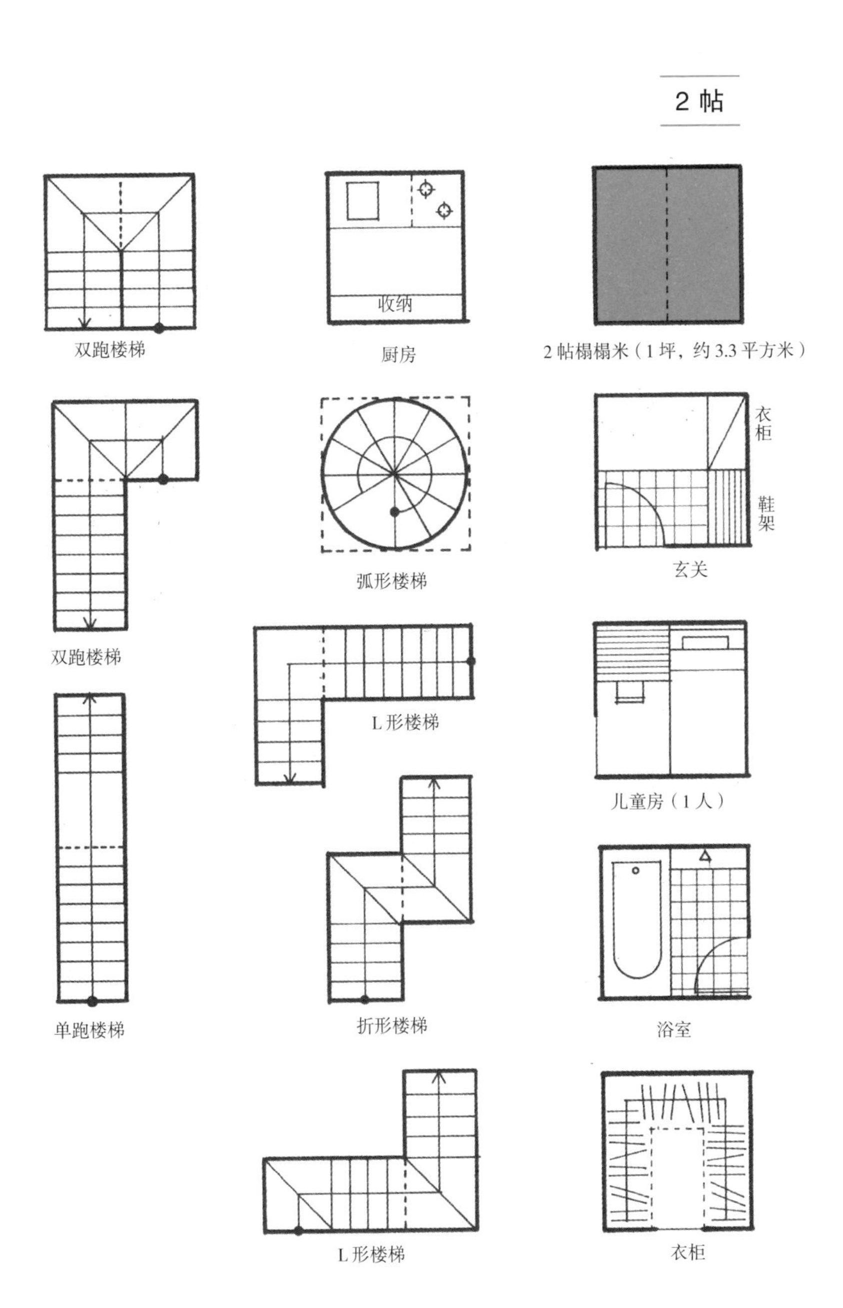

双跑楼梯

厨房

2帖榻榻米（1坪，约3.3平方米）

双跑楼梯

弧形楼梯

玄关

L形楼梯

儿童房（1人）

单跑楼梯

折形楼梯

浴室

L形楼梯

衣柜

3 帖

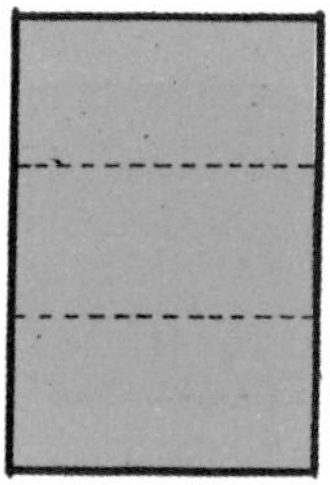

3 帖榻榻米

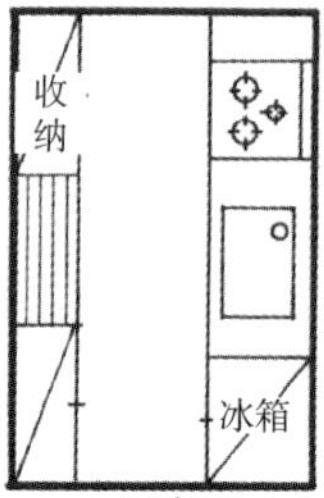

收
纳

冰箱

厨房

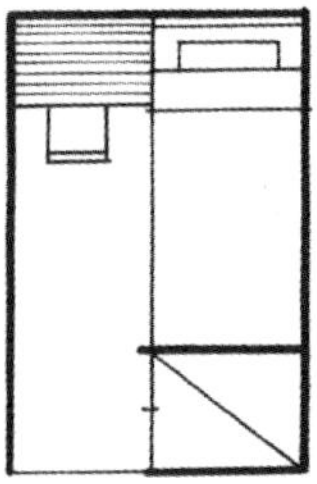

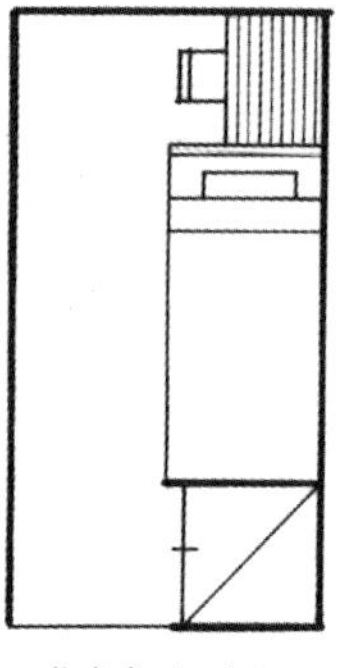

儿童房（1 人）

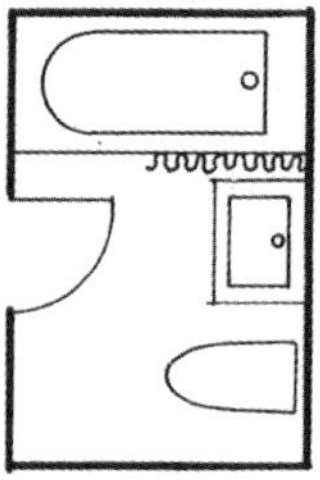

坐便器、洗手盆、浴室

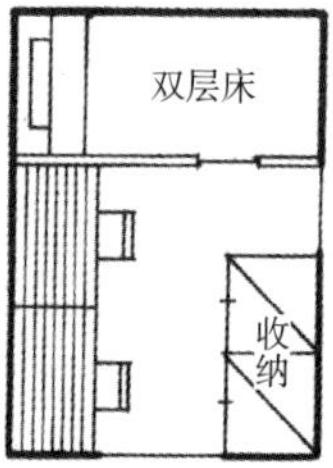

双层床

收
纳

儿童房（两人）

坐便器、洗手盆、浴室

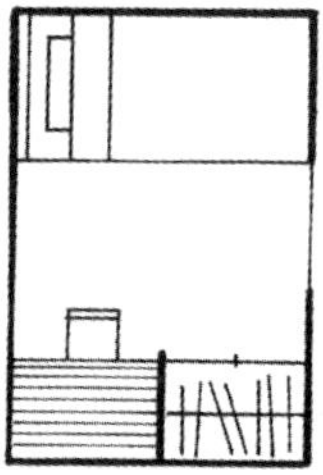

儿童房（1 人）

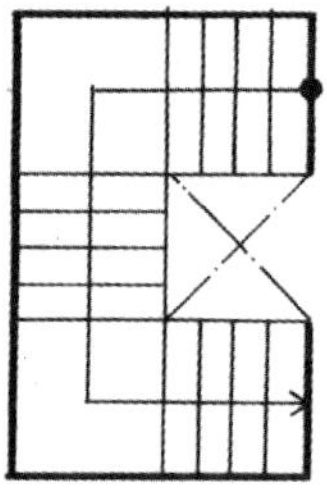

楼梯间

4 帖

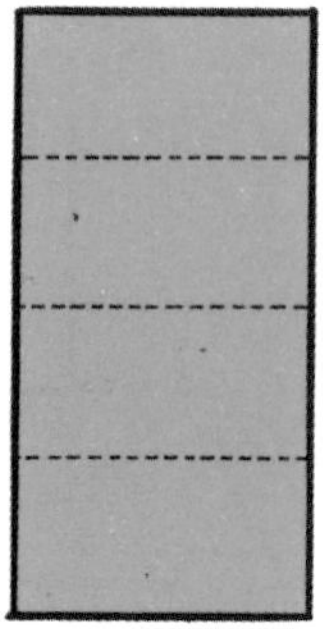

4 帖榻榻米

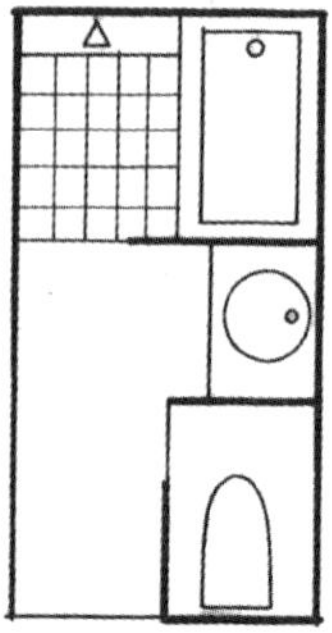

坐便器、洗手盆、浴室

儿童房（1 人）

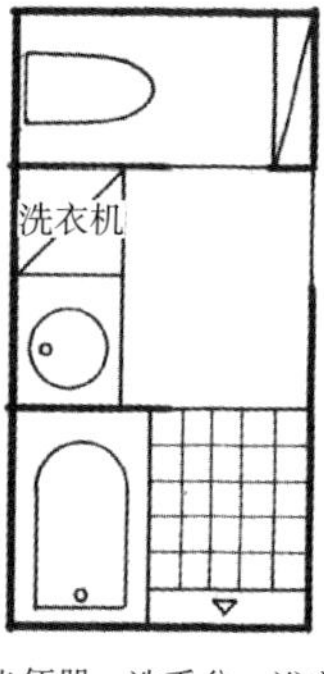

洗衣机

坐便器、洗手盆、浴室

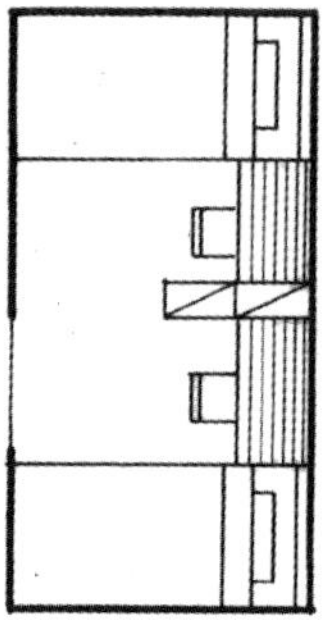

儿童房（两人）

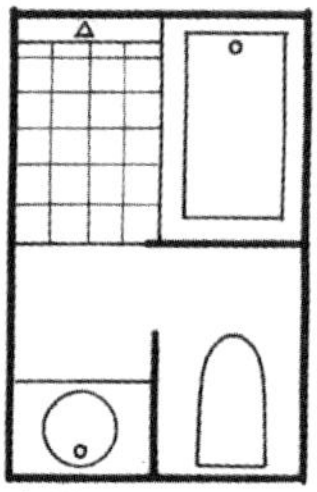

4 帖半

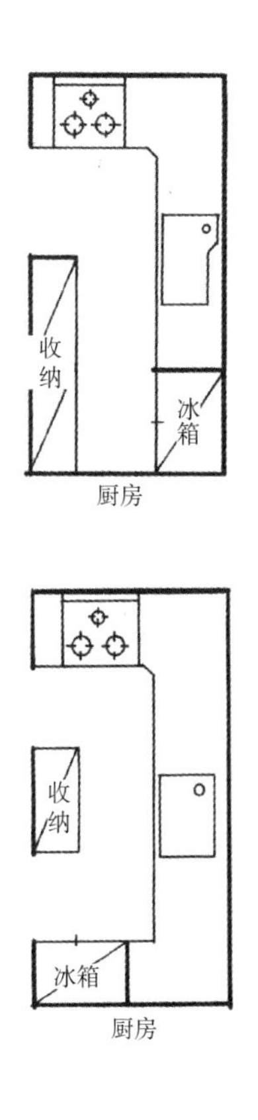

收
纳
冰
箱
厨房
收
纳
冰箱
厨房

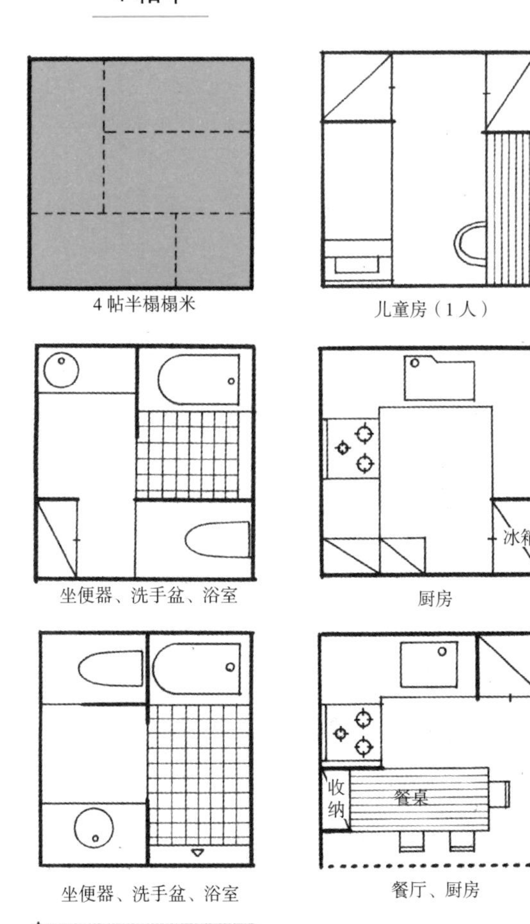

4 帖半榻榻米
儿童房（1 人）
坐便器、洗手盆、浴室
冰箱
厨房
坐便器、洗手盆、浴室
收
纳
餐桌
餐厅、厨房
衣
柜
收纳
收纳
儿童房（1 人）

5 帖

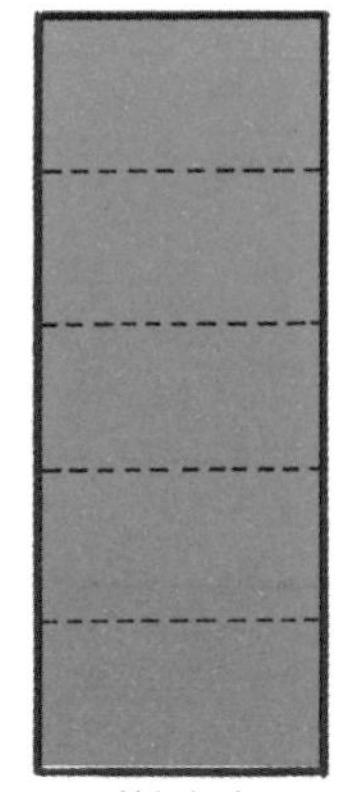

5 帖榻榻米

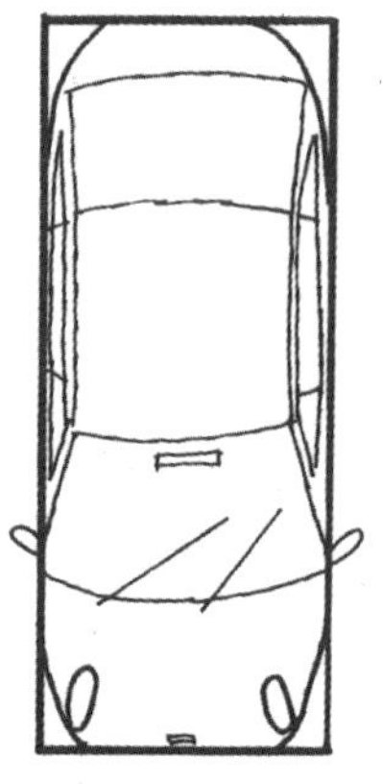

1 辆小轿车的大小

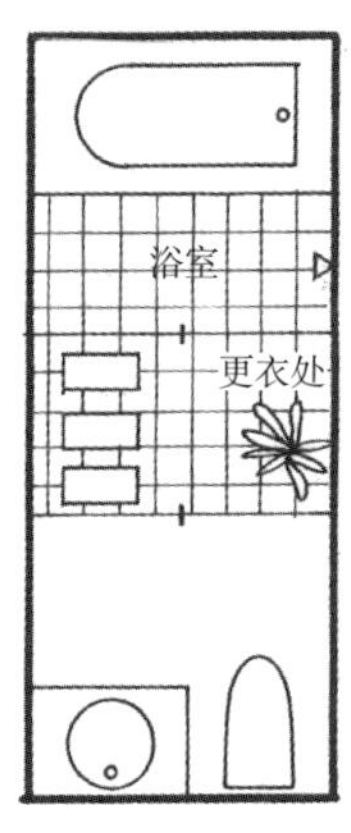

开放的卫生间

6 帖

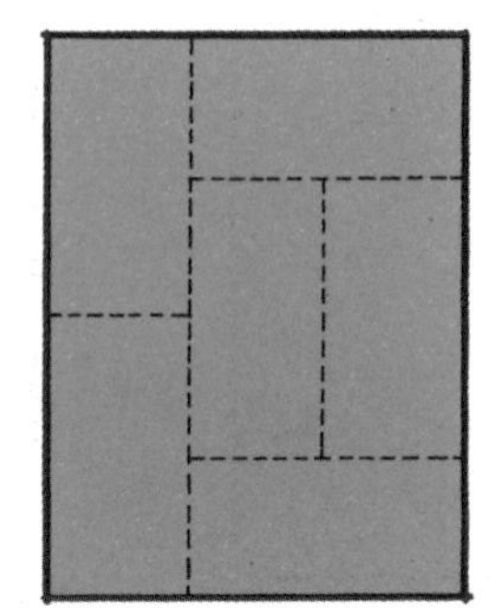

6 帖榻榻米

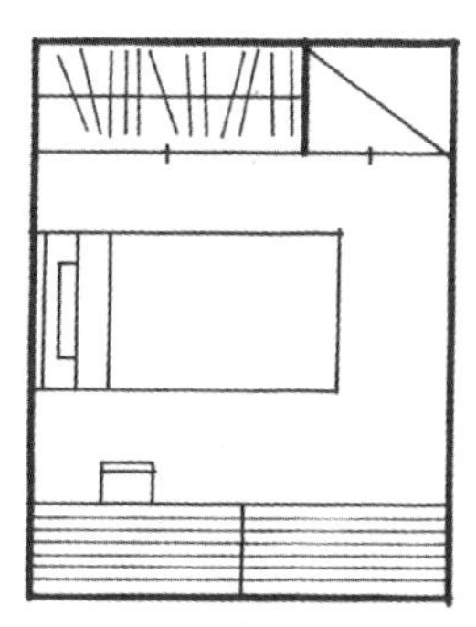

卧室（1 人）

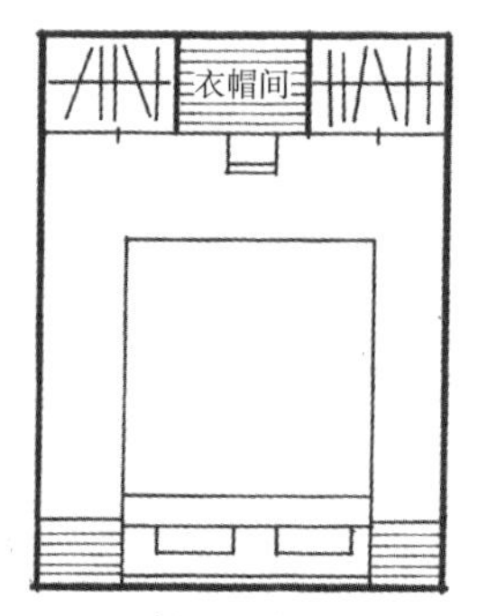

卧室（两人）

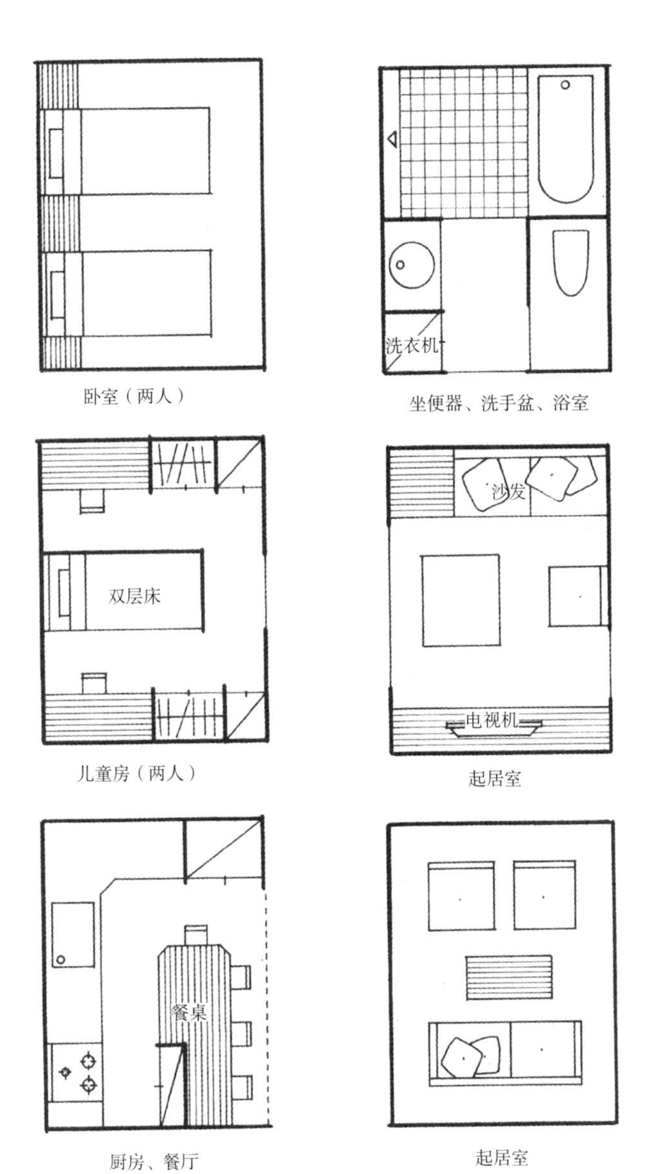

卧室（两人）

坐便器、洗手盆、浴室

儿童房（两人）

起居室

厨房、餐厅

起居室

8 帖

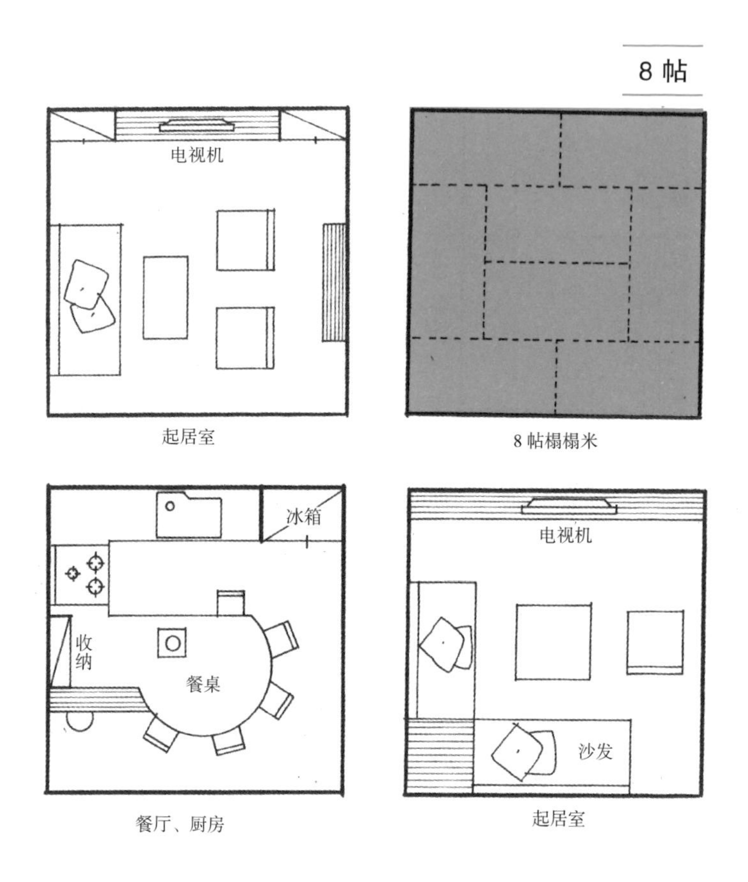

这里所举的例子并不代表全部。这里的布局方案也不是最完美的。如果可以的话，还请根据自身的“空间熟语”来完善自己的空间。这样对于住宅设计训练十分有帮助。

随着榻榻米帖数的增加，“空间熟语”可以更加灵活地被利用。重要的是要根据自己的需求、尺度进行创造。

10 帖

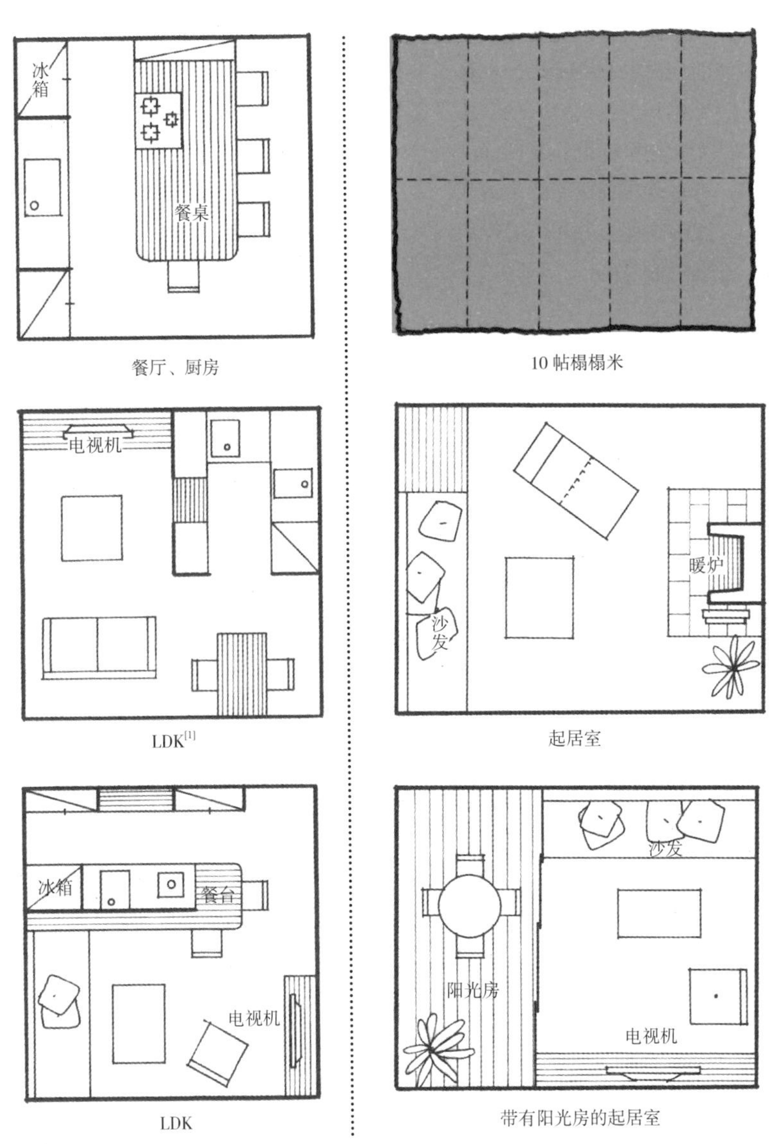

餐厅、厨房

10 帖榻榻米

LDK[1]

起居室

LDK

带有阳光房的起居室

译者注：

[1] LDK：在日本，用 LDK 来表示房间功能，L 代表起居室，D 代表餐厅，K 代表厨房。

3.5

住宅的高度是通过动作与构造决定的

无须特殊强调的是，建筑是三维的空间，如果没有同时考虑宽度和高度的话是没有办法设计出让人感觉舒适的空间的。那么在这里，就让我们针对本来就比较熟识的木造住宅的高度及其相应的作用进行解说吧。

屋顶里层

支撑屋顶的木构造被称为屋架。西洋别墅和日本的“和式别墅”，为了支撑便于雨水流淌的倾斜屋顶的硕大面积、瓦的重量以及屋顶，其屋顶里层空间的存在十分必要。

屋顶的构造、隔热、配线

居住空间

对于较宽敞的房间、天花板可能会很高，反之则可能较低。一般的举架高度为2300~2400毫米，即站在椅子上能触摸到屋顶的高度。（请参照第2.5节）。

举架高 2300~2400

顶棚内距

一层与二层之间有被称为顶棚内距的空间，是支撑2层的楼板所必要的梁、桁等构件安放的必要空间。通过一层顶棚来遮蔽二层的地板与梁的构造体。这个顶棚内距隐藏着照明器具、空调设备、排气管等，还有很多电气走线。

地板下空间

日本的木造结构的特征是楼板的高度与屋顶里层。在高温潮湿的气候影响下，为了更好地通风换气，设置了地板下的空间。另外，在日本有光脚不穿鞋的习惯，为了适应在外廊可以轻松就座的行为习惯，外廊的高度一般设置在450毫米左右。

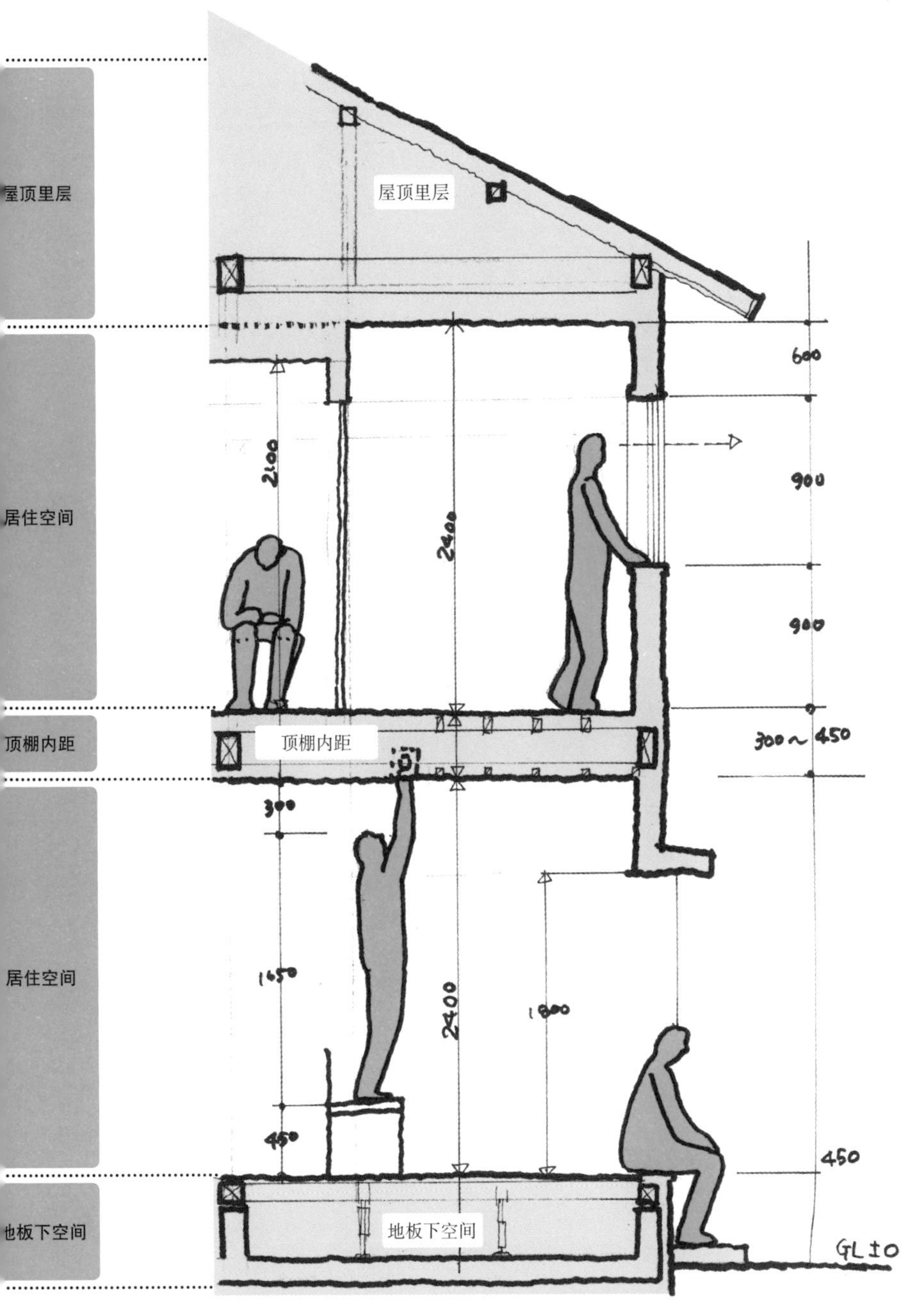

屋顶里层
屋顶里层
居住空间
顶棚内距
顶棚内距
居住空间
地板下空间
地板下空间
600
900
900
300～450
2100
2400
300
1650
2400
1800
450
450
GL±0

一辆车相当于几人的臂长距离？

就算是每天都可以见到车，经常乘车，但是不知道机动车尺寸的却大有人在。机动车无法进入车库，或者机动车进入车库后，车门打不开导致人无法从车内出来的车库设计也不在少数。这都是在不是十分了解机动车尺度的情况下设计失败的案例，就如同因为不了解人体尺度而设计出无法进入的卫生间一样。普通私家车的宽度为“母亲手臂伸开的宽度”（大概 1600 毫米），车长为“父亲、母亲加上孩子手臂伸开的总长度”（约 4300 毫米），按照这个方法就很容易记住了。

这是家庭成员身高：
父亲的身高：1700 ~ 1750 毫米。
母亲的身高：1600 ~ 1650 毫米。
孩子的身高：900 ~ 1000 毫米。

普通私家车的长度 = 父亲 + 母亲 + 孩子的身高 =4300 毫米

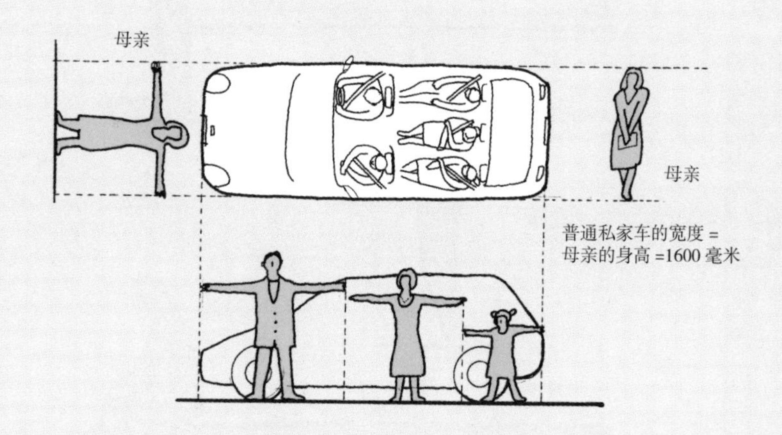

车体的大小（普通私家车）

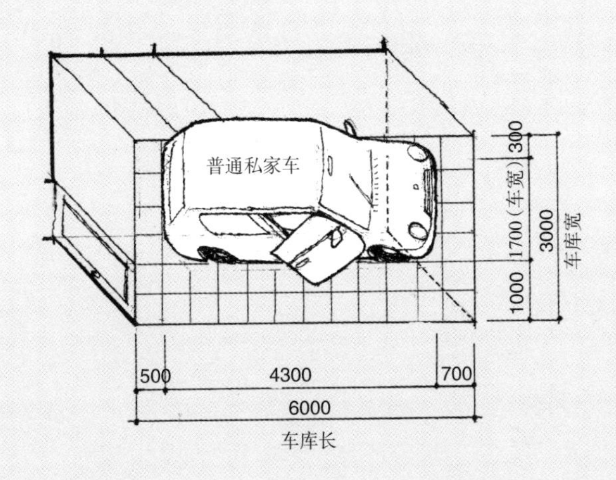

两侧均可开门的车库大小

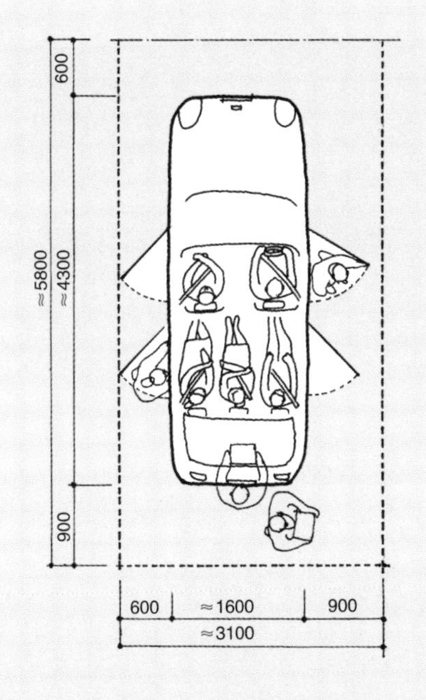

可单侧开门的车库大小

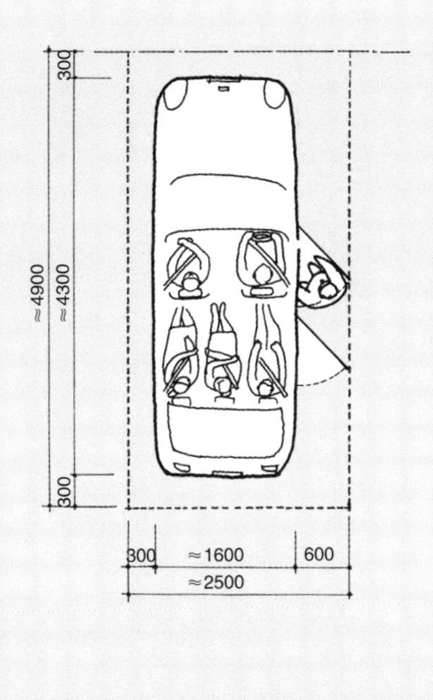

在『空间熟语』的驱动下进行住宅设计

4.1 玄关的设计过程

“玄关”在日常生活中扮演着重要的角色。出门上班、上学的时候，快递接物的时候，接待重要访客的时候，都需要用到玄关，玄关是使用十分频繁的场所。由于玄关是到访者对住宅产生第一印象的重要空间，因此，玄关的设计不仅要满足功能性需求，还要满足美观的要求。不仅要与居住情况相吻合，还要具有不会让物品乱七八糟散落的收纳功能。

首先，玄关是必要的收纳物品的地方。在日本，进出房间都需要

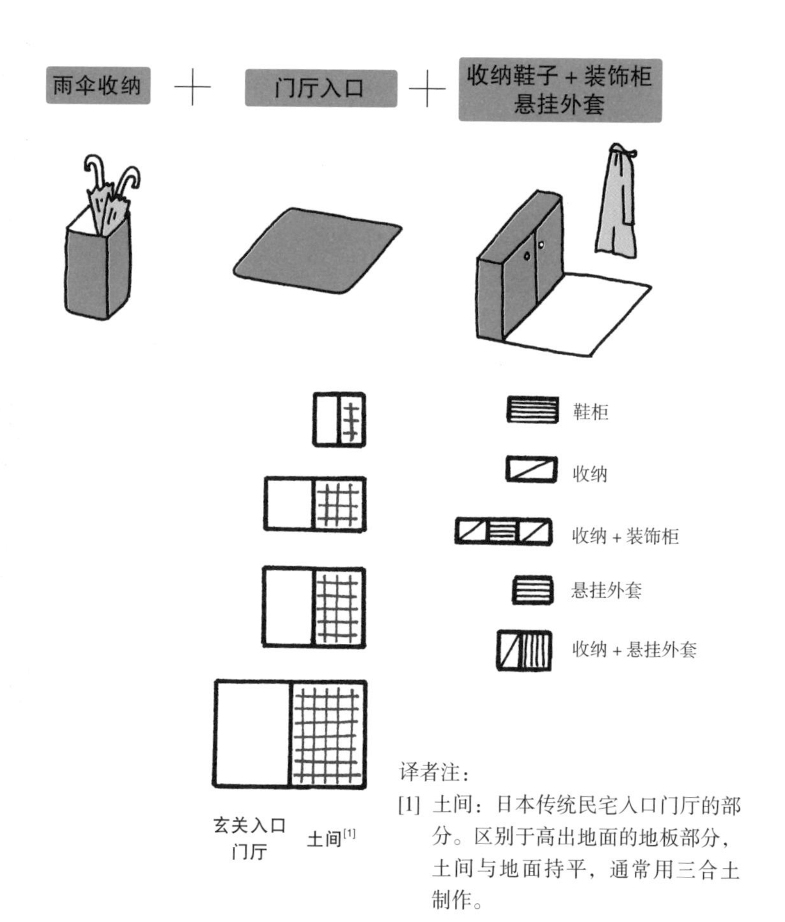

译者注：

[1] 土间：日本传统民宅入口门厅的部分。区别于高出地面的地板部分，土间与地面持平，通常用三合土制作。

换鞋。鞋柜的情况需要在了解家庭成员持有鞋子的情况下来决定。下雨天回到家里时被淋湿的外套、高尔夫球球包、滑板等物品的收纳，以及非日常用品的收纳都可以考虑在玄关处进行。

另外，作为换鞋场所的玄关，其大小与家庭成员的人数息息相关。一定要从自身角度出发，切身体验玄关是狭窄还是宽阔，即首先要思考实际在玄关里会产生的动作行为，然后再根据这些动作行为所需要的宽度来确定可以满足这些功能的玄关大小。

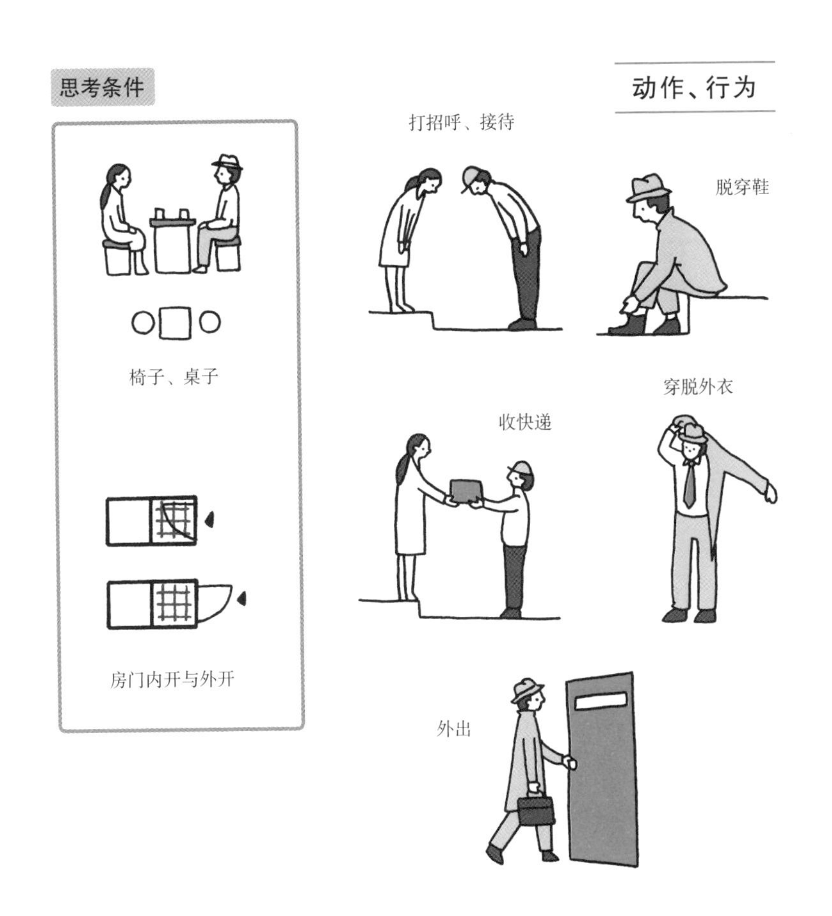

玄关的“空间熟语”

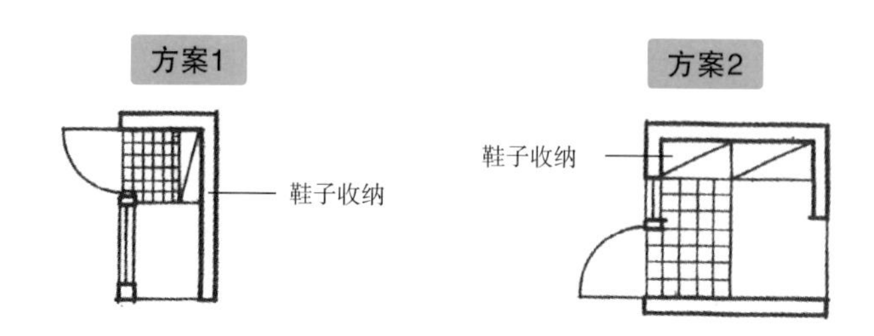

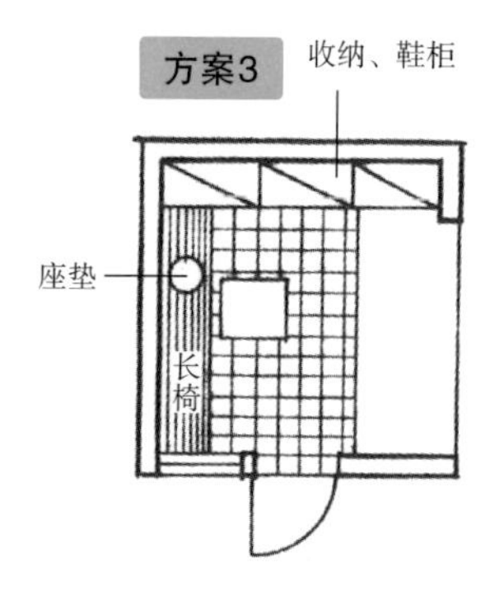

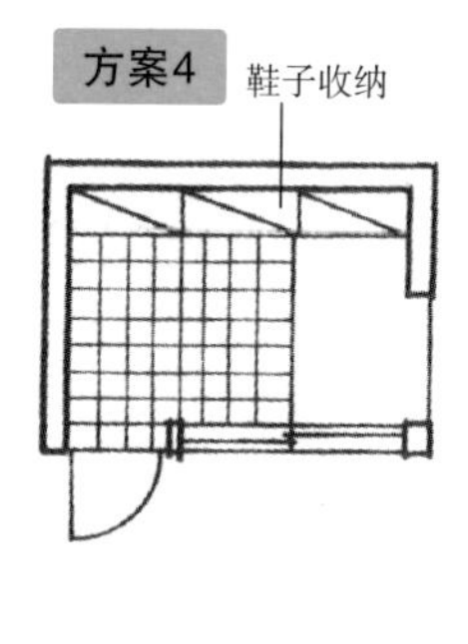

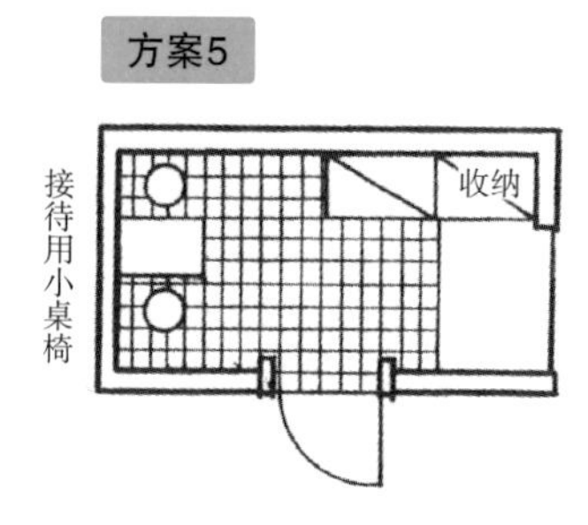

方案 4 的轴测图

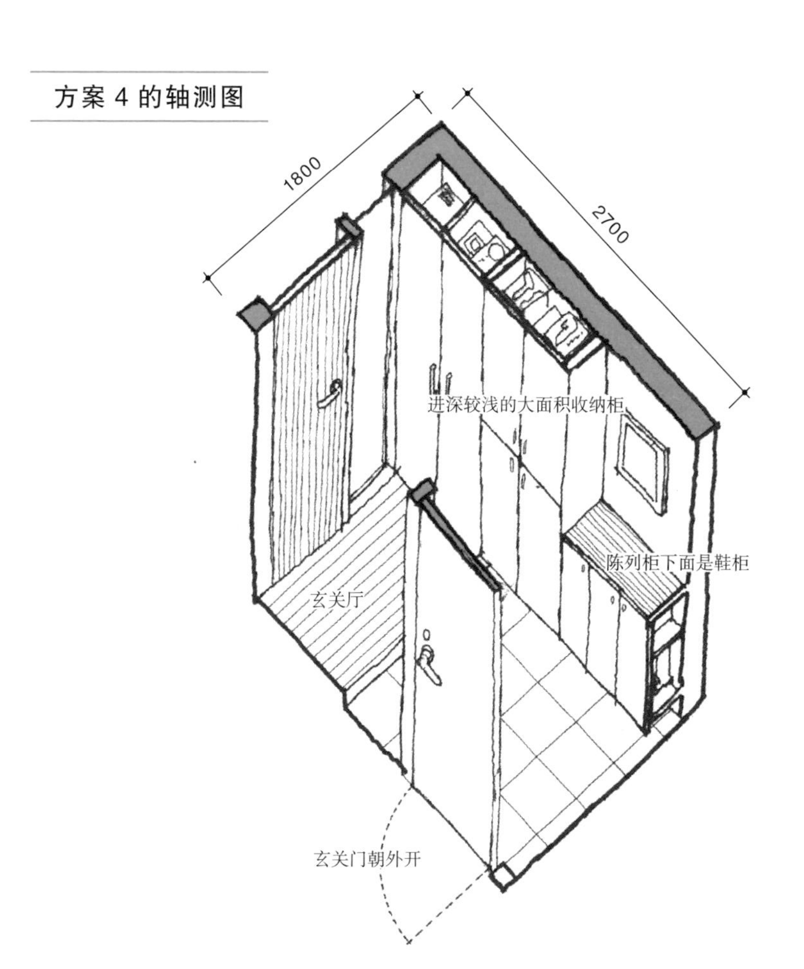

如果通过设定不同条件来思考玄关设计的话，就会产生多种平面配置形态。

“方案 3”是在玄关的位置设置了长椅和座垫的形式，“方案 4”是比较普遍的玄关形态，收纳采用的是大面积浅进深的柜子，这样的收纳空间是比较充足的。

“方案 5”是在玄关位置设置了小座椅和小桌子的接待空间的形式。在此进行来客的简单接待以及阅读都是十分便利的，而且还会带给人居住环境良好的第一印象。至于玄关位置的高差大概设置在多高比较合适，这个问题应从长远的角度考虑家人的需求，或许无障碍设计也是必要的。

4.2 起居室的设计过程

在住宅中，起居室与厨房、餐厅一样都是非常重要的空间区域。家庭成员在起居室一起围坐或者接待客人，以及进行看电视、听音乐等活动。以前，家人会围坐在暖炉或者暖桌旁交流，而现在则是以电视机为中心了。因此，让家庭成员继续围坐在一起交流而不是只围着电视机的起居室空间设计也是非常具有价值的。

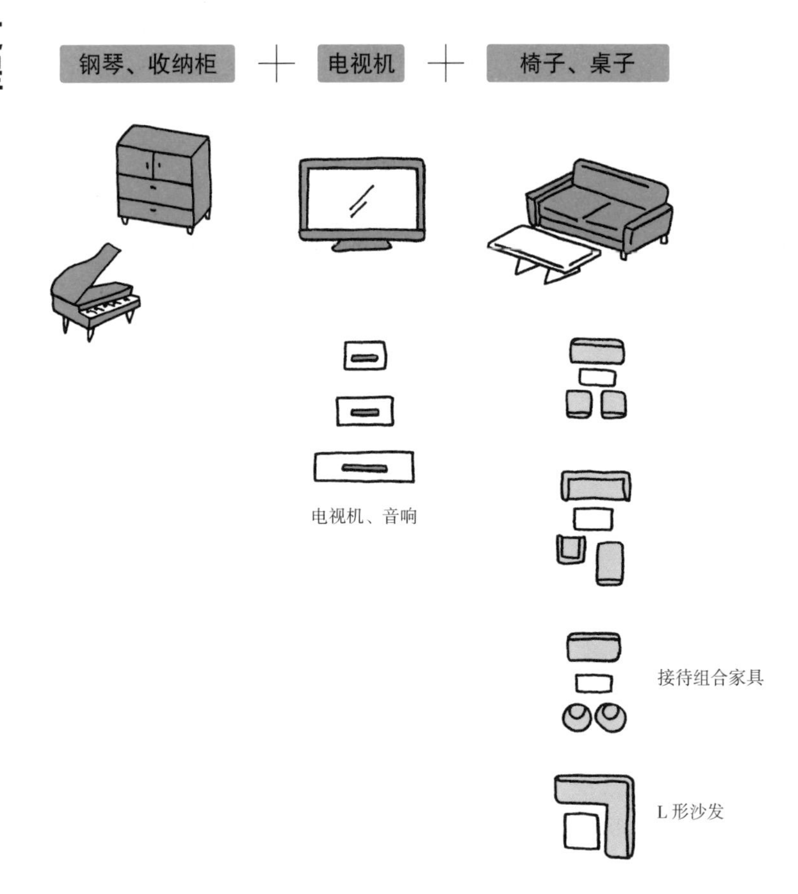

起居室必备的家具，一般情况下是接待组合家具，但能让人放松的可变成简易床的沙发也是非常合适的。其他还有电视机、兼具收纳功能的电视柜等，有的家庭还需要放置钢琴和风琴等，这些也都需要考虑。

另外，以电视机为布置中心的家庭应该重新考虑一下中心的设置，例如以暖炉为中心。火焰是带有吸引力的，火焰的摇曳会带动人的情绪，从而促进家族成员间的交流。

思考条件

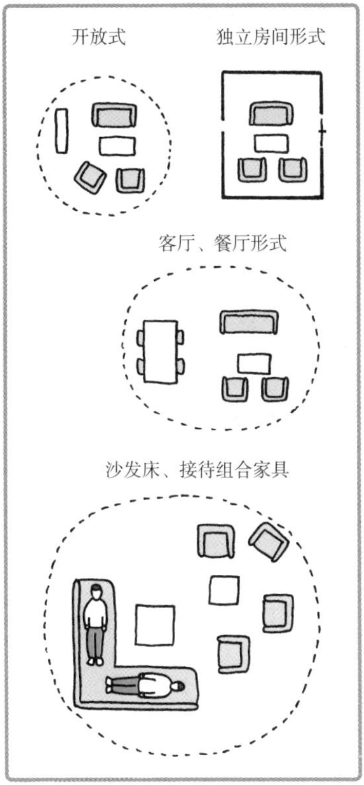

开放式

独立房间形式

客厅、餐厅形式

沙发床、接待组合家具

动作、行为

聚会、交流

看电视、听音乐

休闲、休息

起居室的“空间熟语”

方案1

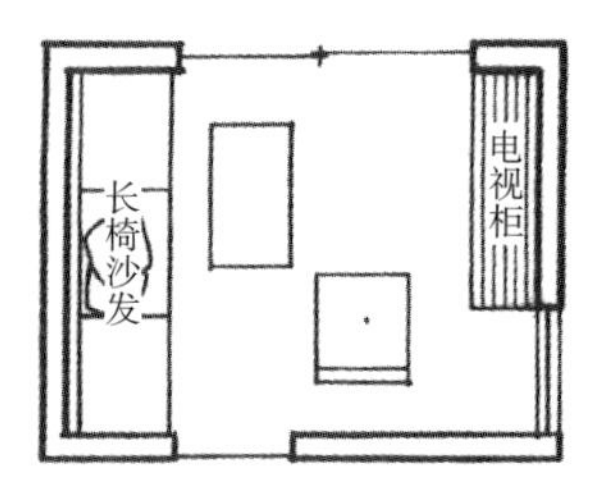

方案2

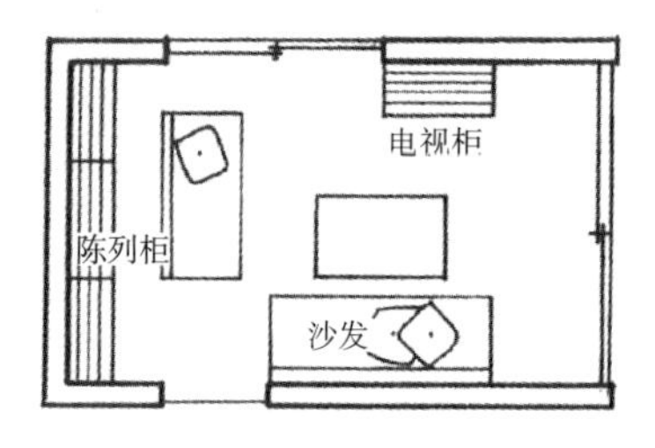

方案3

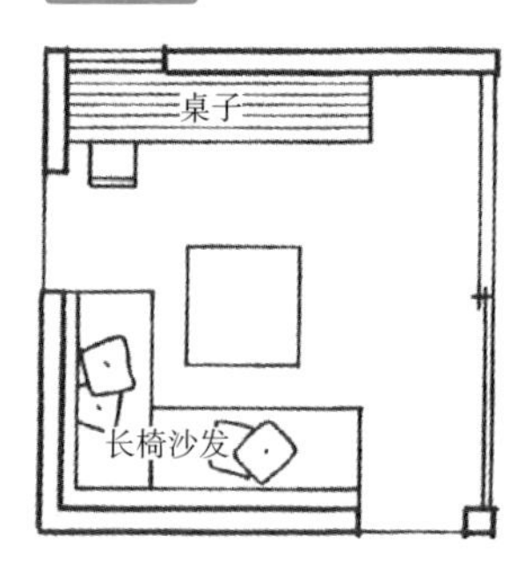

方案4

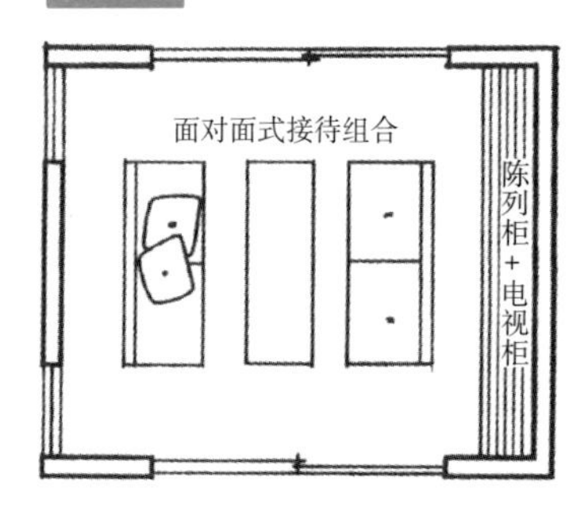

方案5

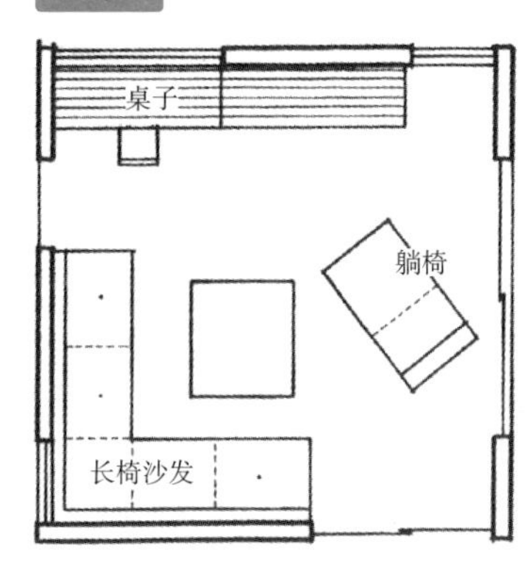

方案 3 的轴测图

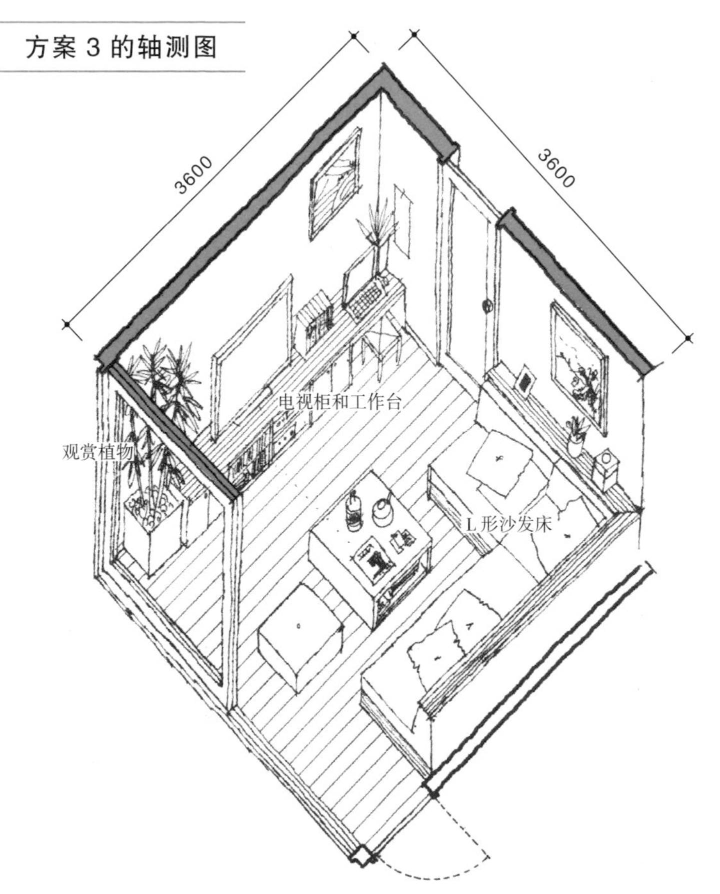

起居室的椅子设置是非常重要的。以什么为中心决定了椅子和桌子的摆放方式。如果是以接待访客和与家庭成员对话作为主要思考条件的话，像“方案 4”那样面对面式的布置方式是合适的。然而，比起面对面进行交谈的布置方式，“方案 2”和“方案 3”这样的以 L 形沙发布置的方式少了些庄重感，反而使交流变得容易起来。

另外，从人的行为分析来看，坐在带有靠背的座位上会更让人安心。因此带有靠背的沙发不单可以作为椅子，更可以作为小憩的躺椅或者供来客休息的简易的床，具有多用途使用的优点。

厨房的设计过程

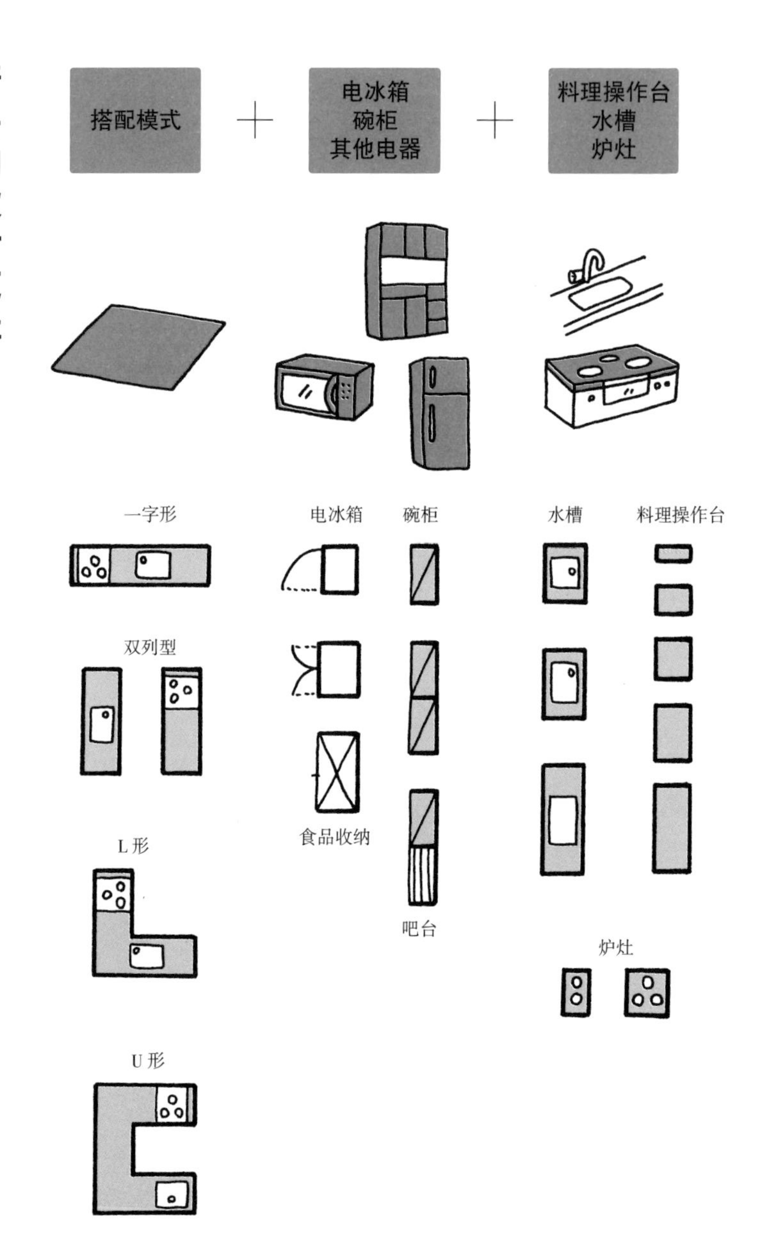
搭配模式
＋
电冰箱
碗柜
其他电器
＋
料理操作台
水槽
炉灶
一字形
双列型
L形
U形
电冰箱
食品收纳
碗柜
吧台
水槽
料理操作台
炉灶

在住宅中，厨房是生活器具最集中的场所，也是使用频率非常高的场所。为了减轻家务劳作，良好的器具布置、操作流线等是必要的。首先，厨房中必要的器具、操作台、水槽、炉灶应作为主要的思考对象。电冰箱、碗柜等收纳空间是非常必要的。同时，电饭煲、微波炉、烤箱等电器的布置也需要思考。另外，料理的操作是有顺序的，要遵循清洗、切剁、烹煮、装盘等行为流线，所以器具的布置要充分考虑这些。

高效的操作顺序

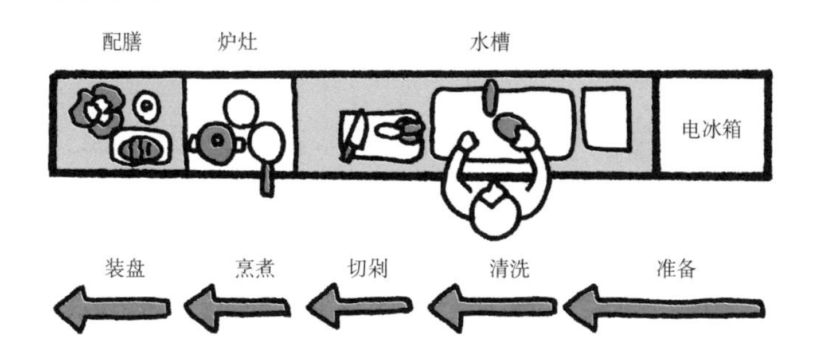

高效的操作流线

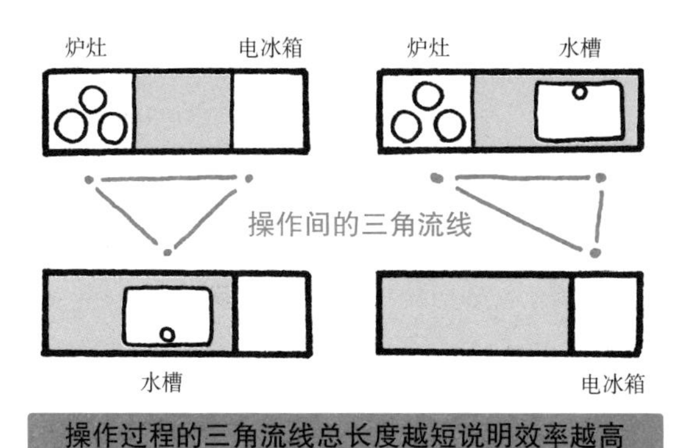

厨房用品的必要尺寸　　厨房里的基本动作

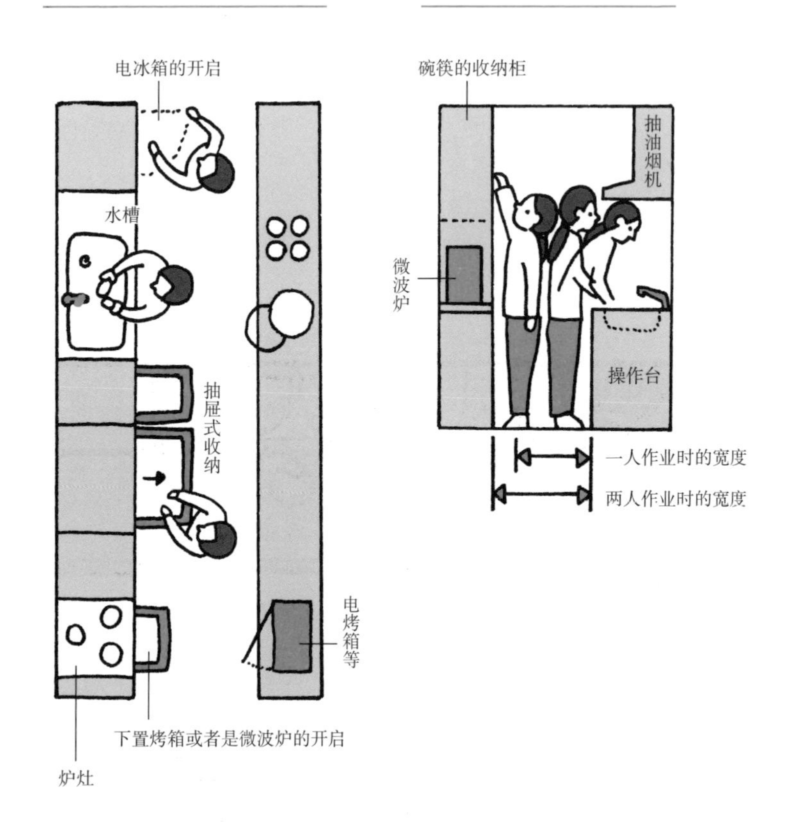

根据料理顺序的不同，器具的布置是非常重要的。可以说料理器具、碗筷等收纳空间的配置决定了料理的操作效率。

料理操作台、器具的高低关系着操作者的疲劳程度，所以请记住料理操作台的高度为身高的一半。操作台的进深要考虑到手可以够到的距离，大概在600 ~ 650毫米。

吊柜或者橱柜的高度也要充分考虑使用者的身高情况。以使用者的身高为基础，以其实际伸手去够柜子的高度来设定尺度非常必要。同时要注意的是，重的物品要放在下面，轻的物品要放在上面，考虑收纳物品大小以设计收纳柜的间隔。另外，电冰箱、橱柜打开之后所需要的空间尺度也是必须要思考的。

思考条件

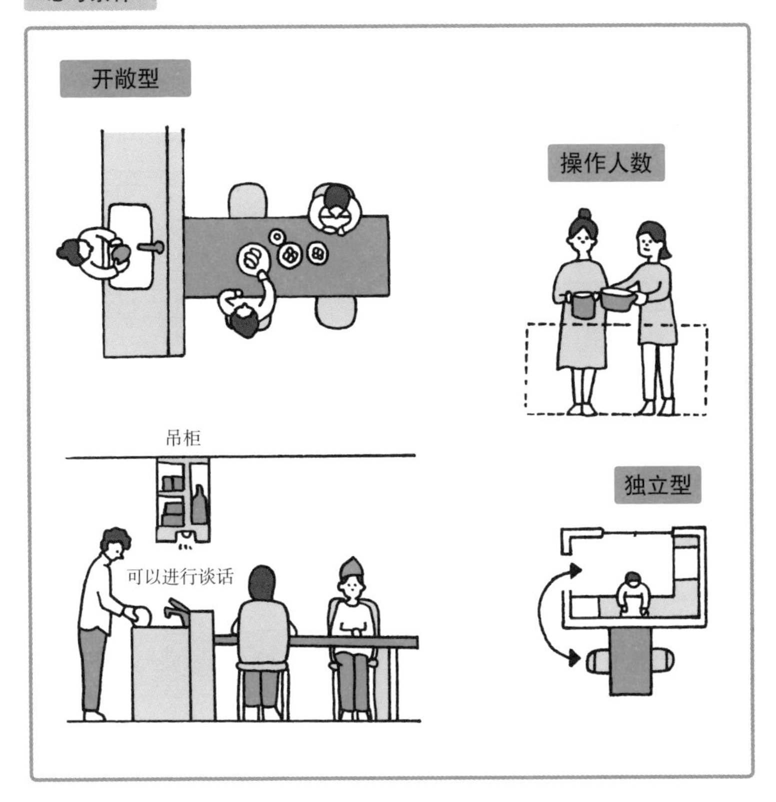

在这里，我们先想一下料理、用餐的流程，然后把这些作为思考条件，将厨房、餐厅作为一个整体来尝试着思考。

首先，家庭成员的人数是最基本的条件。如果有访客到来，那么就是家庭成员人数加访客人数。如果只有两人，设肩宽为 400 毫米，吃饭所需要的动作空间大概 300 毫米。另外，如果是拿着刀叉的用餐方式的话，请亲测一下所需要的动作空间范围。

四人用餐的话，大概需要长度 1500 毫米、宽度 800 毫米的餐桌。

厨房的“空间熟语”

方案 1

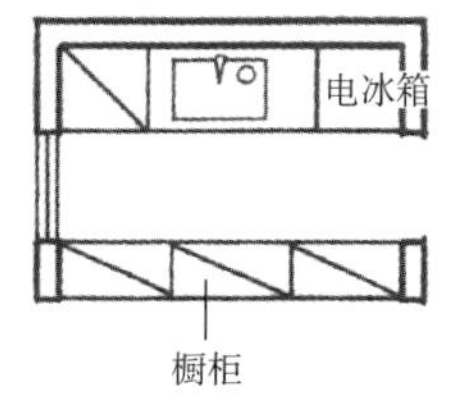

方案2

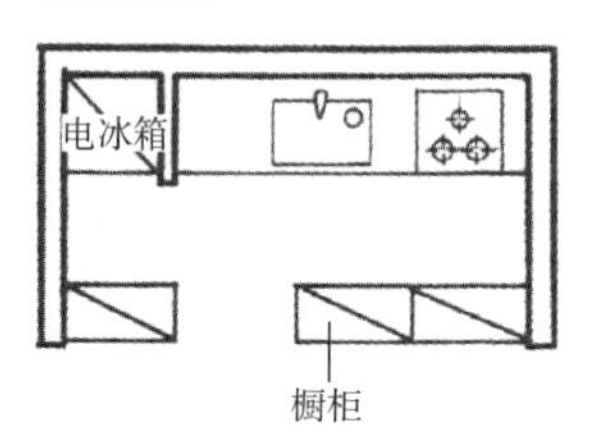

方案3

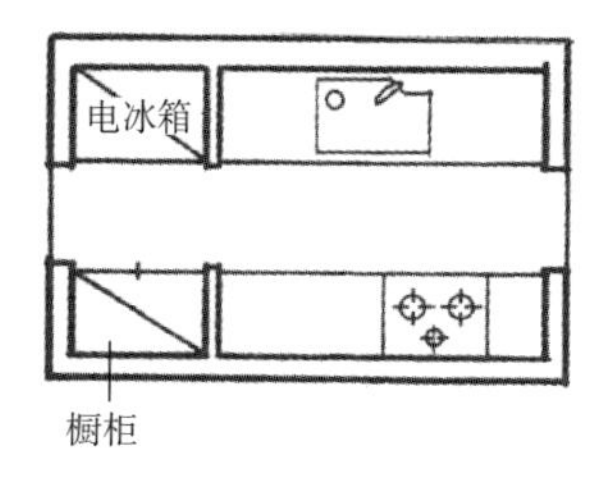

方案4

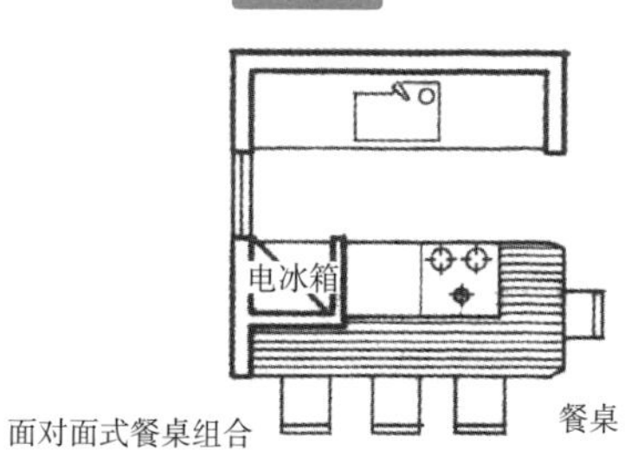

方案5

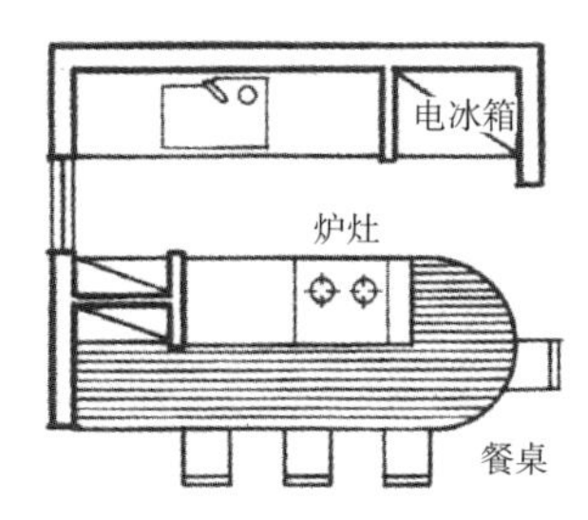

方案 5 的轴测图

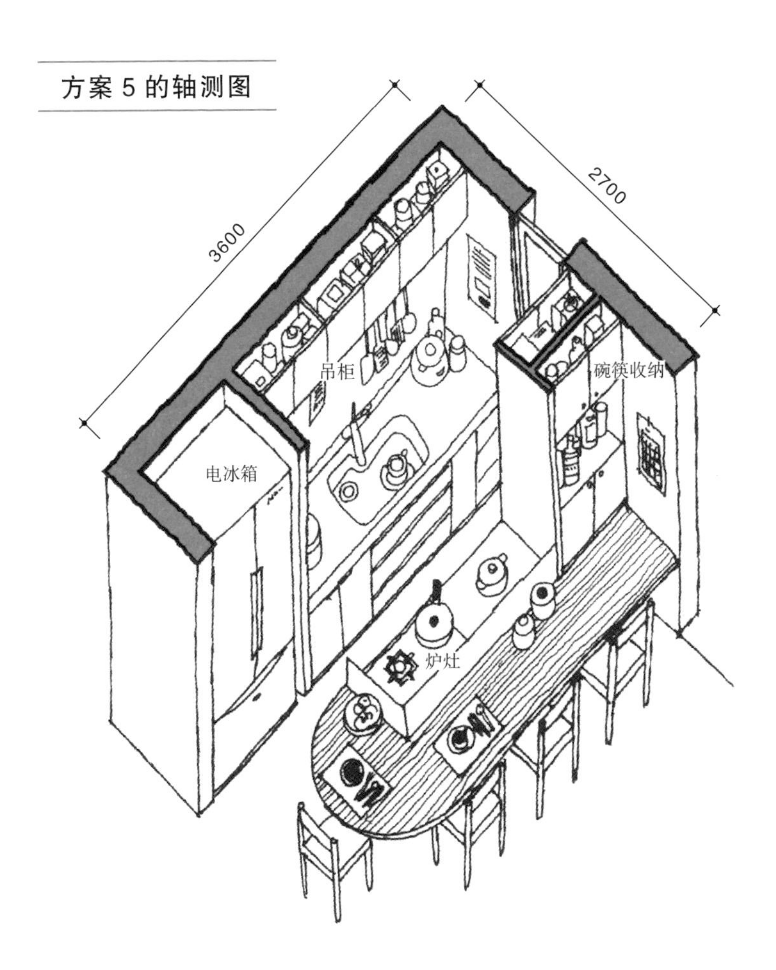

“方案 1~ 方案 3”是比较独立的厨房类型，“方案 4、方案 5”是以岛型为主的开放式厨房，建议不善于收拾整理的人选择“独立型”，善于收拾整理的人选择“开放型”。

“开放型”厨房、餐厅的优点是空间可以更加紧凑地被利用，如料理与用餐的动作流线可以更好地衔接。如上图所示，通过绘制立体图考虑与高度相关的尺度。

4.4 卫浴空间的设计过程

浴室、卫生间、洗面台、洗衣区等场所，给排水管等都会高效率地集中配置，这些统称为“卫浴空间”。

必要的设备中最先需要考虑的就是浴缸。浴缸可以分为日式浴盆和西式浴缸。卫生间的坐便器一般和冲洗器是结合在一起的。洗面盆和洗面台是一体化的，同时可以兼作女性的化妆台，并且也可以成为入浴后的休息场所。

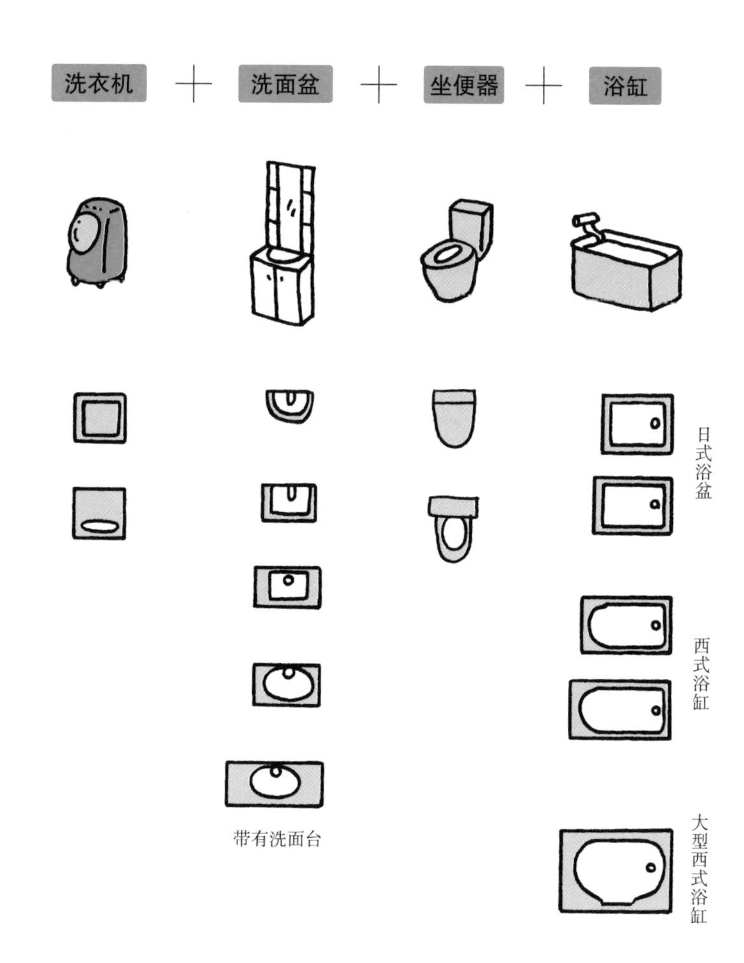

卫浴空间的大小与人的行为动作关系非常密切。建议选择能够伸开腿的，还可以水疗按摩的浴缸，这样的浴缸不单可以洗净身体，还可以赶走疲惫、治愈精神。浴室与家庭成员的入浴情况息息相关，因此，根据入浴人数的不同，清洗空间的大小也会有变化。

酒店里浴室、洗手间、洗面台一体化的类型，以及只有卫生间单独独立出来的类型都是值得思考的，请根据家庭成员的喜好来进行设计。

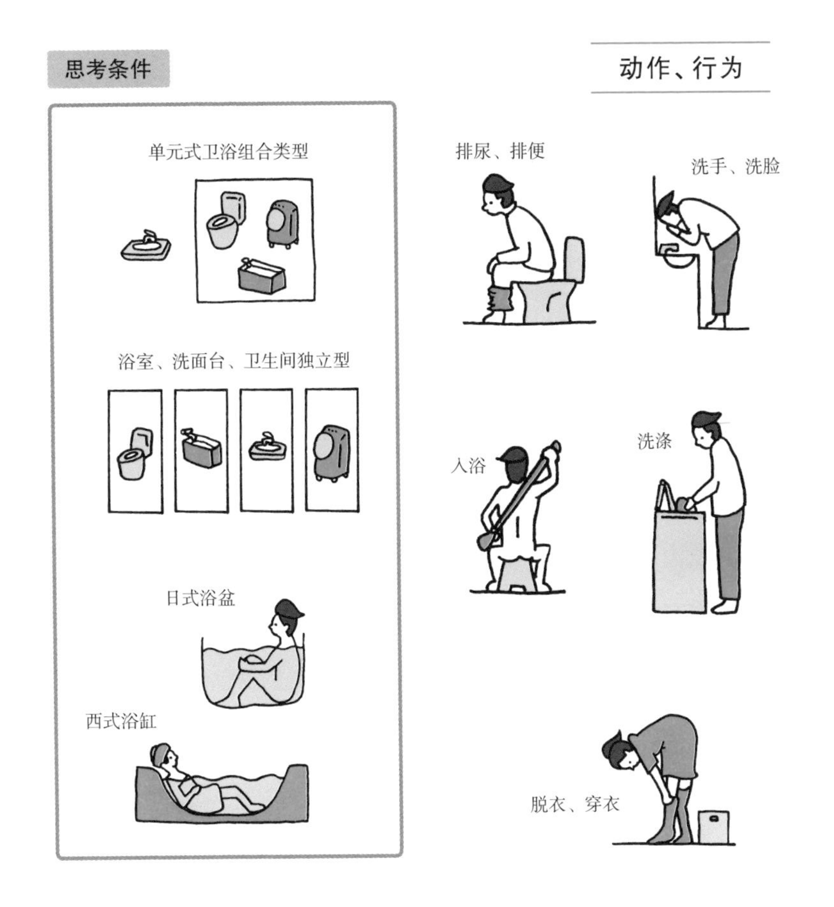

卫浴的“空间熟语”

方案1

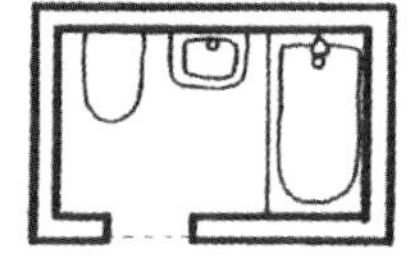

方案2

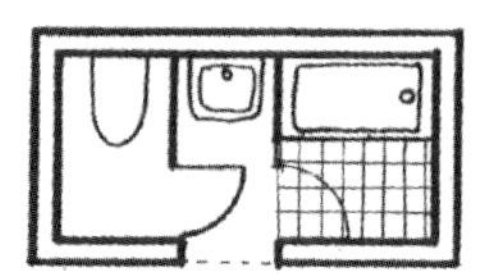

方案3

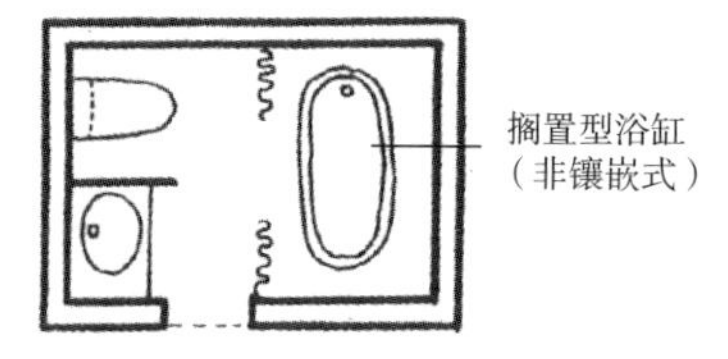

方案4

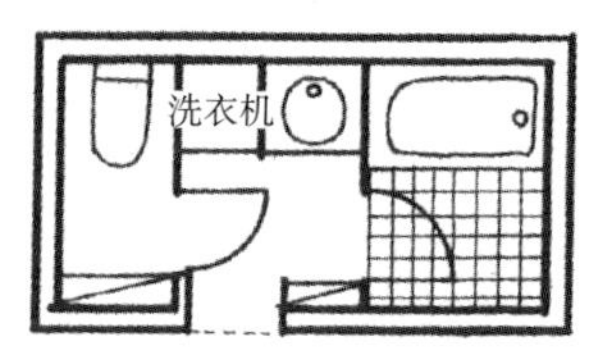

方案5

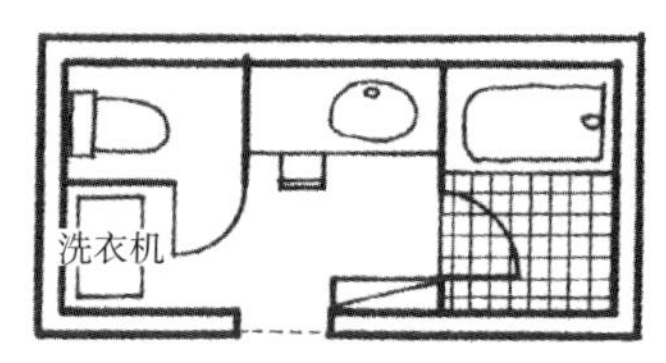

方案 4 的轴测图

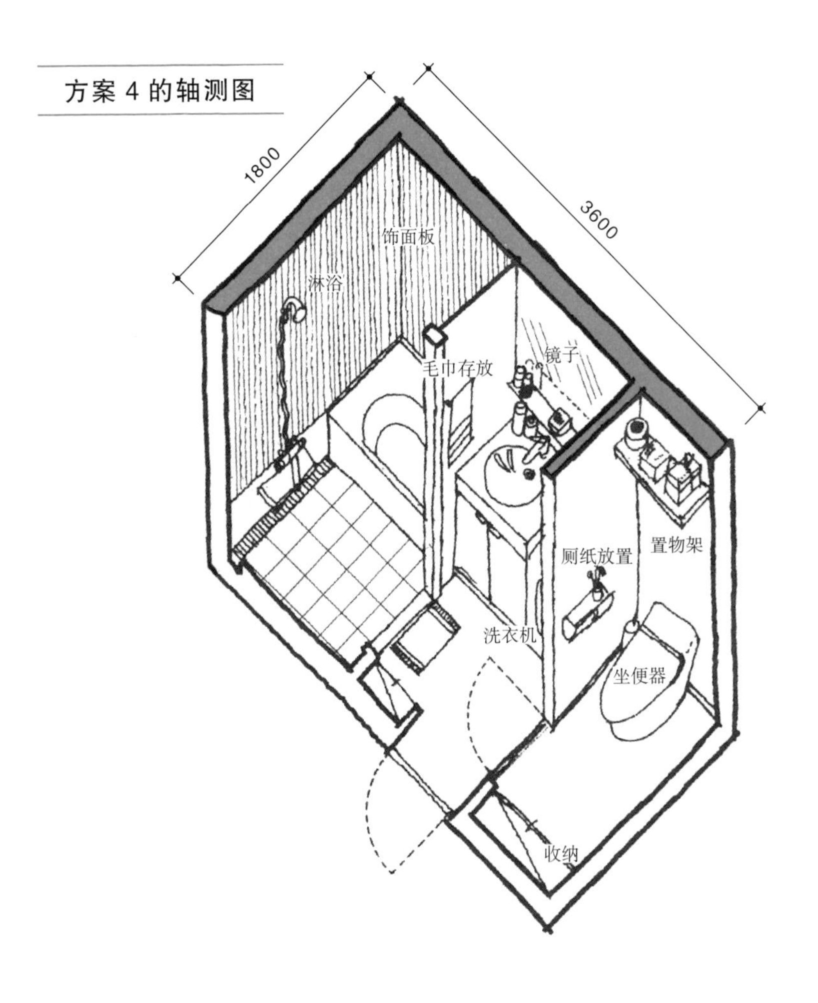

从狭窄的组合卫浴类型，到拥有宽敞的可以充分放松的化妆洗面台的卫浴类型皆可考虑。

卫浴空间里有毛巾、厕纸、洗涤剂等，需要很多收纳小物件的场所，所以要充分利用空间，上部空间也可以被充分利用进行收纳。墙面可以挂毛巾、镜子、架子，因此也要思考如何配置。应从三维的角度思考整个卫浴空间的配置。

4.5 儿童房的设计过程

虽然儿童房是十分重要的，但是据说在住宅中儿童房是使用时间最为短暂的空间。这是因为从孩子要参加考试需要儿童房作为书房的时期到孩子长大上大学或者工作离开家的时间大概只有 5 ~ 10 年。尽管为了孩子的未来创造了一个良好的环境，可 10 年后这里却成为储物间，真是很遗憾。

正因为上述原因，认为儿童房设置在最小面积中就可以、儿童房就相当于书房，以及认为必须要创造一个合适而又安静环境的观点都大有

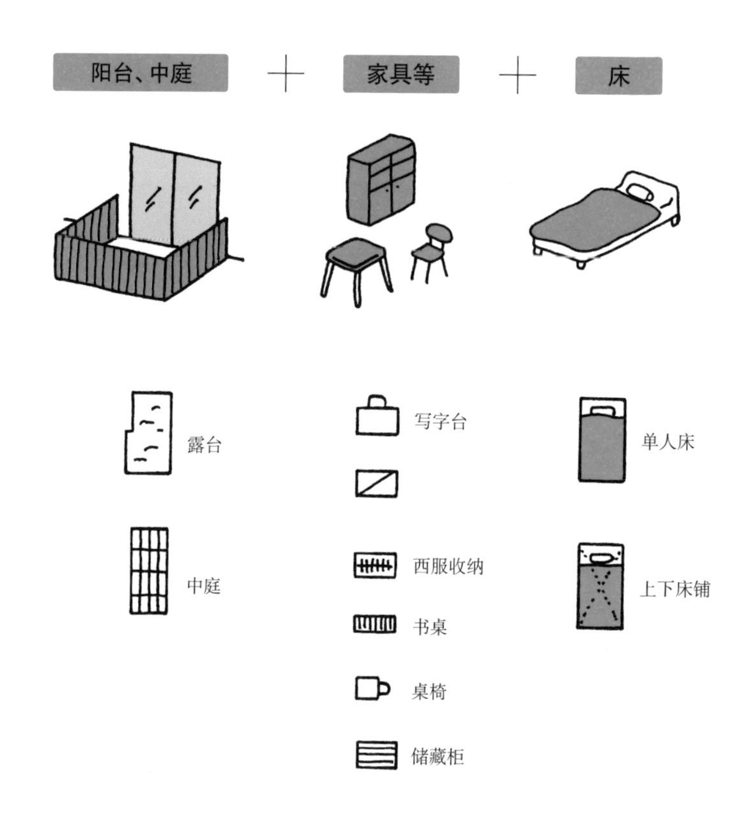

人在。我们无法判断究竟哪一种更好，但孩子将要在自己的房间里生活并且长大成人，所以儿童房是无法被忽视的房间。

是单人房间还是兄弟姐妹共用一个房间，要根据家庭整体情况进行思考。另外，学习、睡眠之外的其他兴趣、玩耍也是非常重要的。同时也不要忘记，培育植物或者饲养小动物这些陶冶情操的教育模式，会影响孩子从幼儿阶段到成年的整个成长过程。当然，儿童房里最重要的行为就是学习与睡眠，虽然不需要过大的面积，但是可以放松以及轻微运动的场所空间也是需要被考虑的。

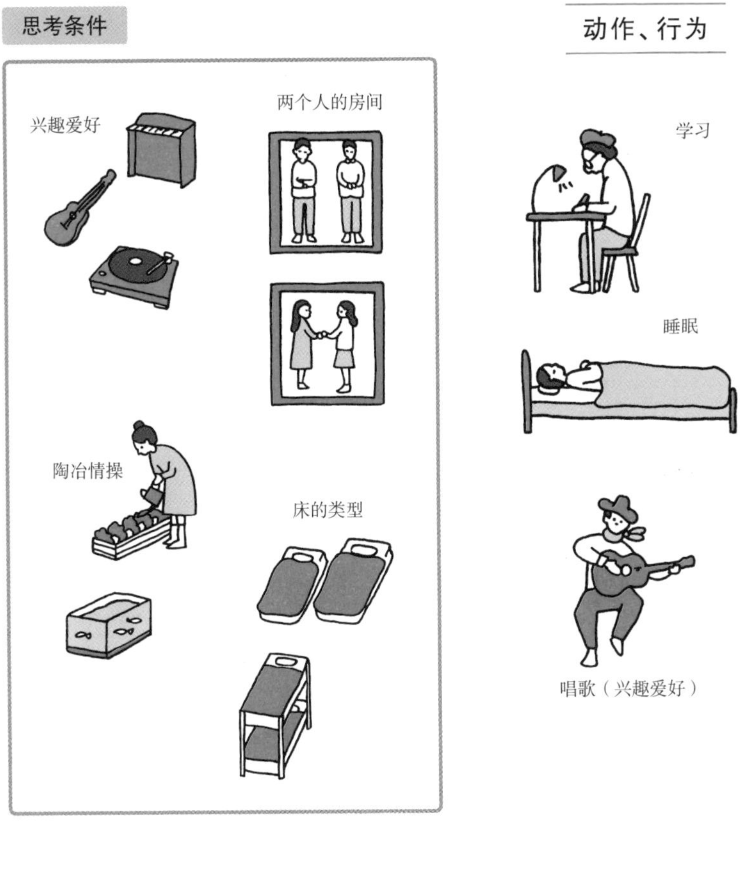

思考条件

兴趣爱好

两个人的房间

陶冶情操

床的类型

动作、行为

学习

睡眠

唱歌（兴趣爱好）

儿童房的“空间熟语”

方案 1

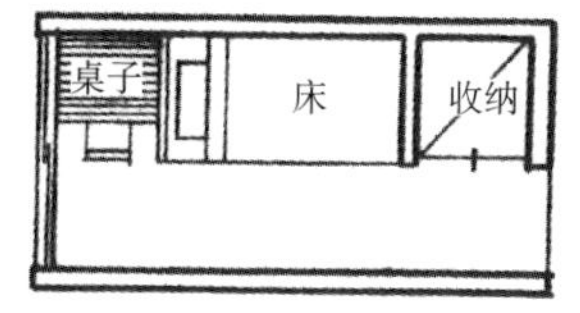

方案 2

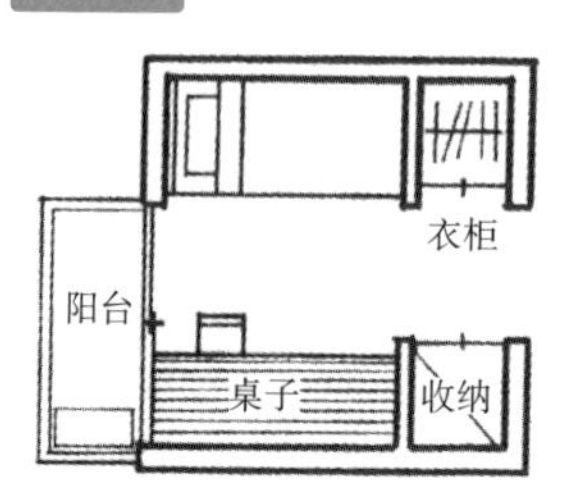

方案 3

方案 4

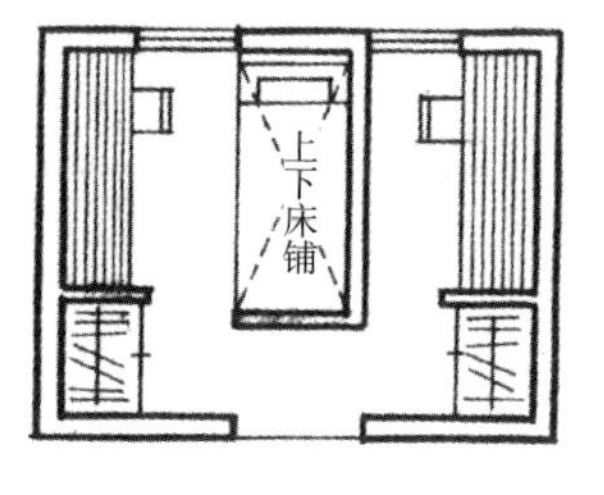

方案 5

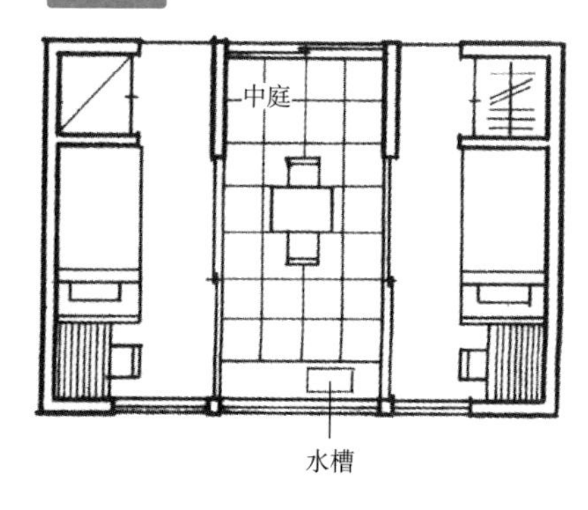

方案 5 的轴测图

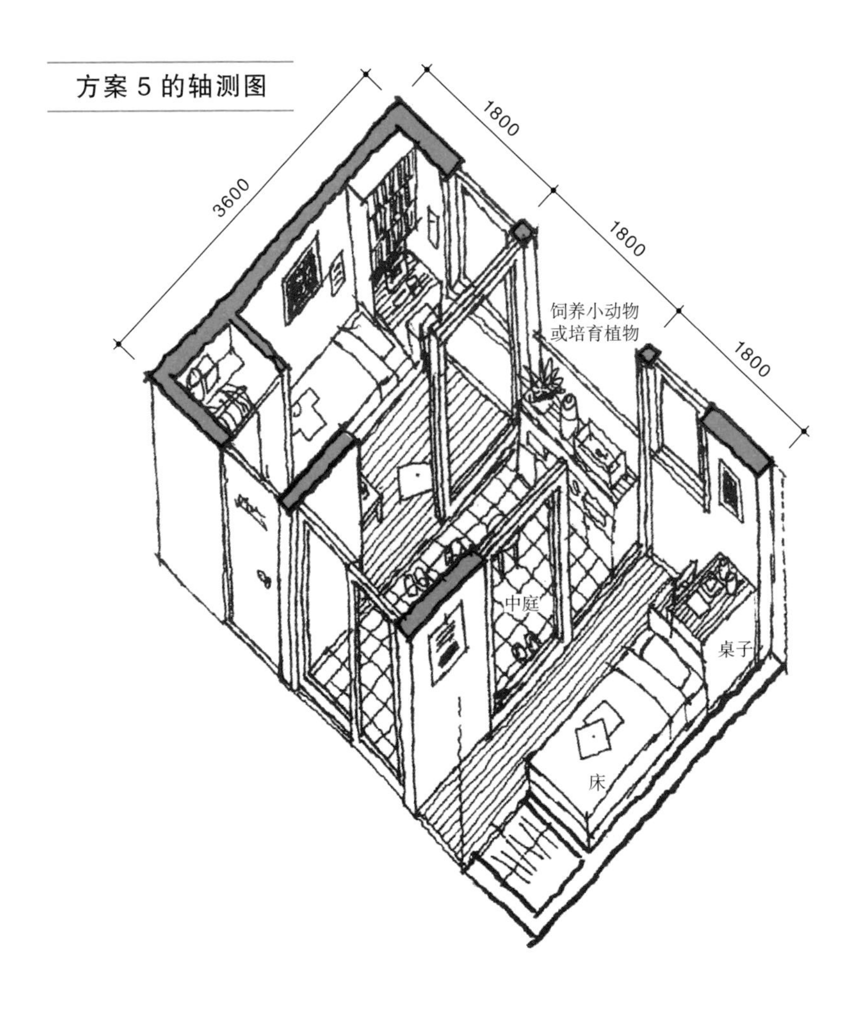

“方案 1”是面积比较小的儿童房，需要孩子多利用舒适的起居室或者餐厅的空间。“方案 2、方案 3”是完全单独房间的形式，非常尊重孩子隐私。两个人在一个房间的情况下，床铺可以设置成上下床铺，就如“方案 4”所示那样。

“方案 5”是在中间设置中庭的双人房。中庭可以成为兄弟姐妹之间交流的场所，也可以在其中进行简单的运动，还是饲养小动物或者培育植物、陶冶情操的场所。

4.6 卧室的设计过程

卧室是非常注重隐私的空间。在一般的住宅设计中，卧室会被布置在最里面的位置，跃层的情况下会被安排在楼上，因此它需要选择远离道路的、避免车辆噪声影响的、安静的场所。

日式房间（和室，在榻榻米上使用床垫的房间）可用于多种用途，但这里我们只探讨放置床铺的卧室类型。夫妇的卧室所必需的家具有床、组合衣柜、梳妆台等。如果房间还有空间的话，还可以设置书桌、床头柜、椅子、桌子等小家具。床的话有单人床、标准双人床、大号

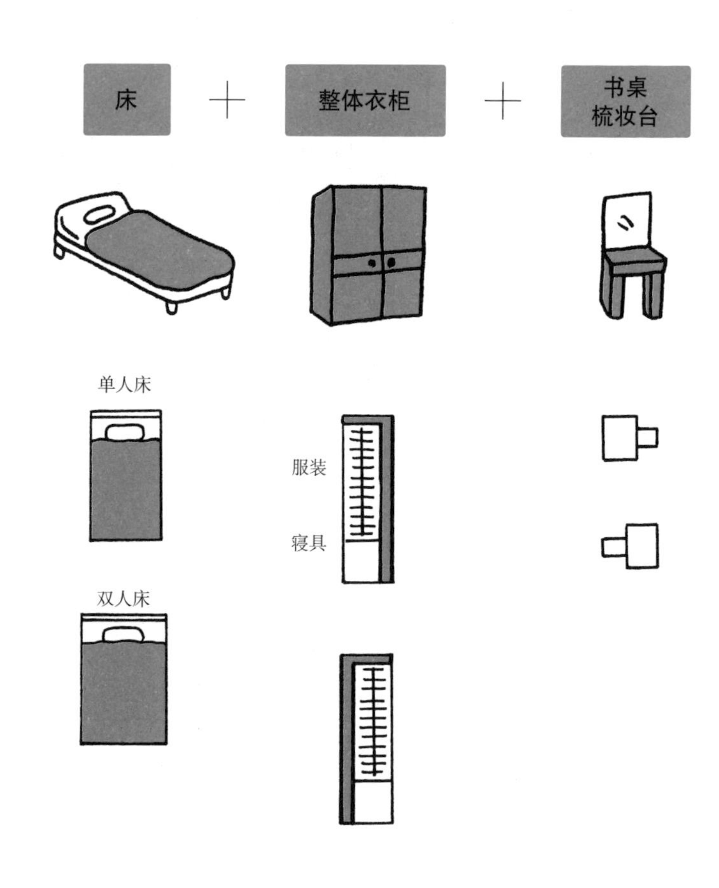

双人床以及特大号双人床，可以根据房间的大小进行选择。当然，为了良好的深度睡眠质量，选择大号双人床或者特大号双人床也未尝不可。

卧室并不仅是睡眠的场所，也是更换衣服的场所。决定卧室大小的因素有床的大小以及数量[1]，还有更换衣服、整理床铺等主要动作所需空间。另外，为了睡前可以进行小酌，需要桌子和椅子的人也不在少数。

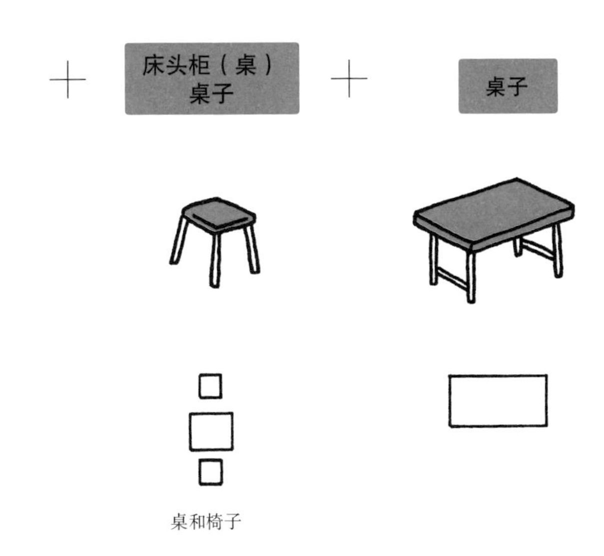

译者注：

[1] 在日本，夫妇的卧室里一般也习惯放置两张单人床。

卧室的“空间熟语”

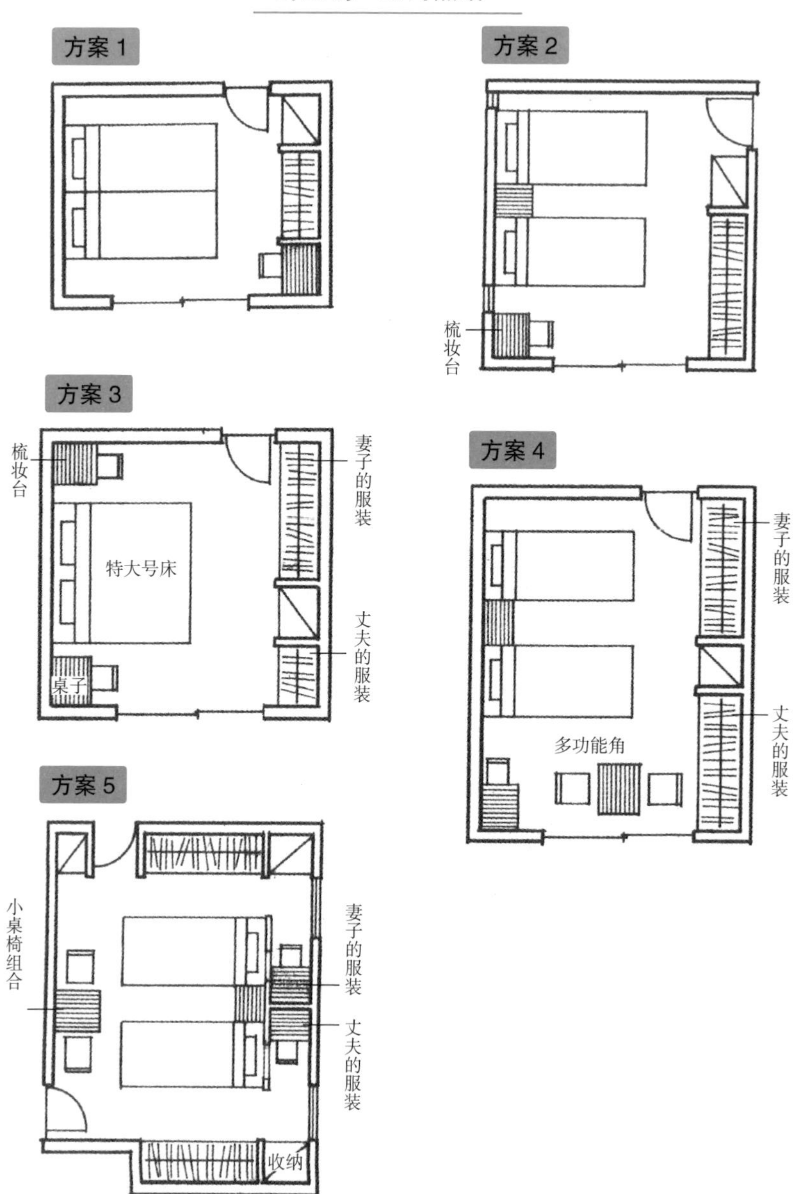

方案 1
方案 2
梳妆台
方案 3
梳妆台
妻子的服装
特大号床
丈夫的服装
桌子
方案 4
妻子的服装
丈夫的服装
多功能角
方案 5
小桌椅组合
妻子的服装
丈夫的服装
收纳

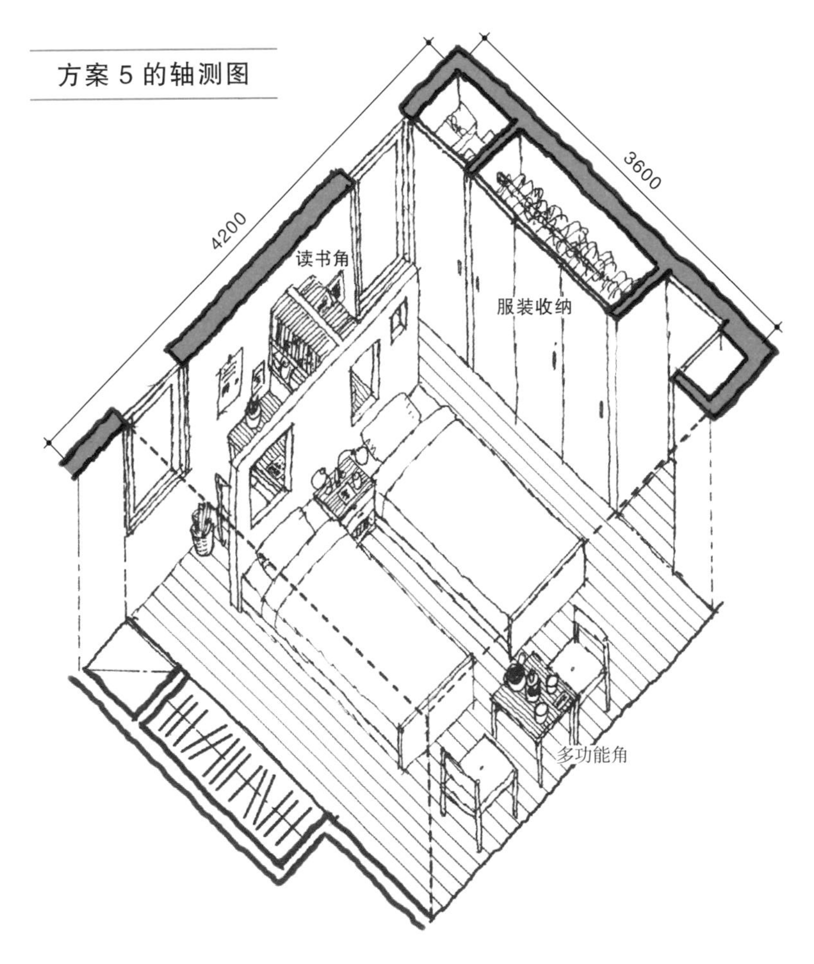

稍微奢侈一点的卧室如“方案 5”所示，设定为双方均工作的夫妇的房间。为了不影响彼此的睡眠，这个房间以相对独立的方式设计。房间里设置了两个读书角，供双方自由地进行阅读和使用电脑等工作。在床上进行阅读也可以。现代社会需要经常收发邮件，所以把电脑带入卧室的情况也越来越多。另外，小型桌椅可以给夫妇提供一个可以一边小酌一边交流的场所。

衣柜的设置要充分考虑衣服以及被褥等寝具的多少，组合式衣柜也是不错的选择。

4.7

通过思考身体尺，各个房间的类型（“空间熟语”）也就形成了。但仅凭着这些是无法形成一个完整的居住空间的。通过思考让每个房间都具备合理性和功能性，才可以完成一套住宅的设计。

在这里，列举方案 A 与方案 B 来进行比较。

首先，在各房间的平面设计图中，选择同思考条件吻合的方案。

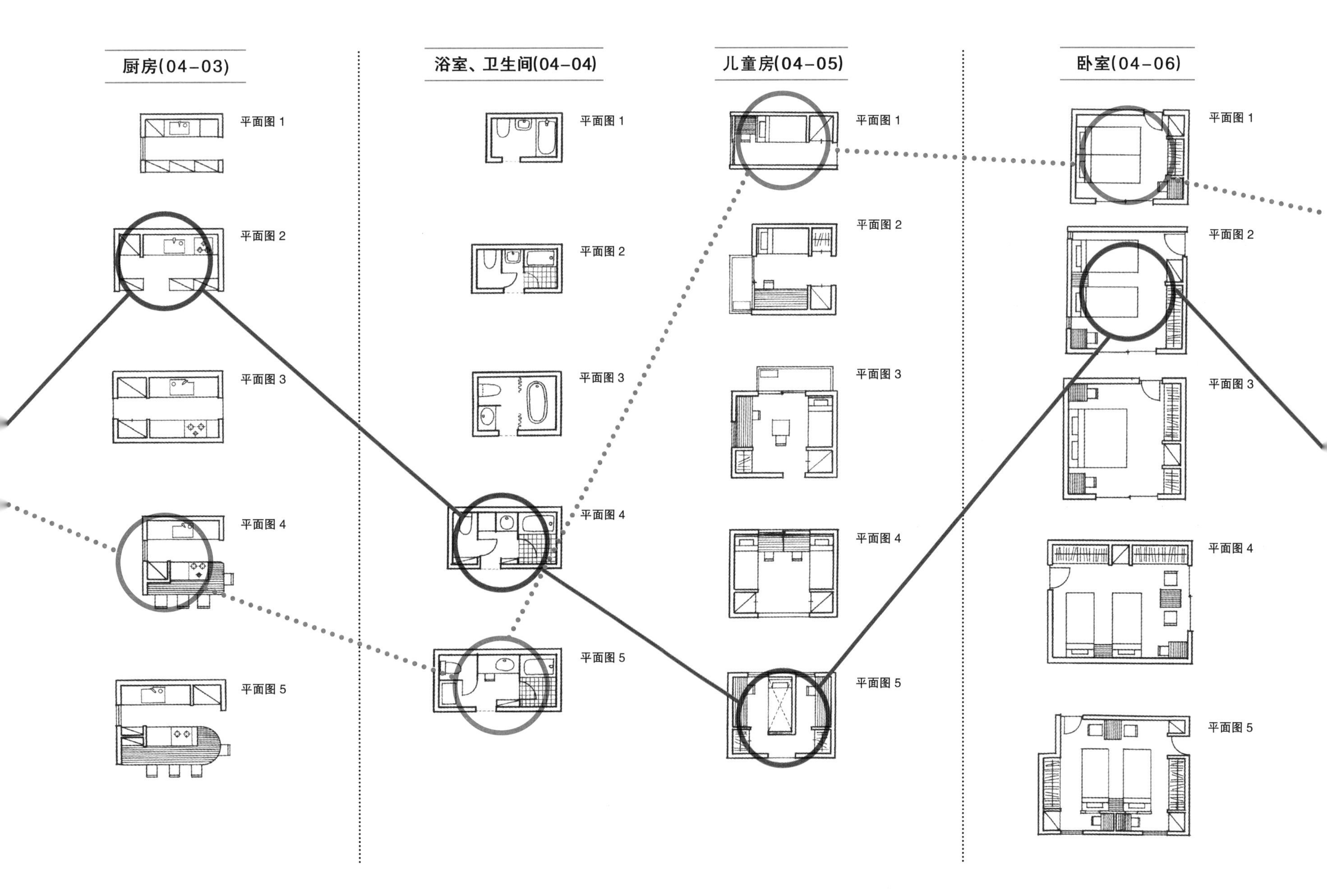

厨房(04-03)
平面图 1
平面图 2
平面图 3
平面图 4
平面图 5
浴室、卫生间(04-04)
平面图 1
平面图 2
平面图 3
平面图 4
平面图 5
儿童房(04-05)
平面图 1
平面图 2
平面图 3
平面图 4
平面图 5
卧室(04-06)
平面图 1
平面图 2
平面图 3
平面图 4
平面图 5

方案 A 的形成过程

方案 A 在用地的东南部设置了玄关与停车场，然后按照从公共空间到私密空间的顺序开始设计每一个房间。起居室作为公共空间被设置在最中间的位置，其他功能用房围绕在四周。周围用玻璃墙壁连接，然后再设计外部的庭院等，这样一户住宅就设计好了。

方案 B 的形成过程

方案 B 先考虑东西向狭长的共享空间，之后再从公共空间逐渐转向私密空间进行方案设计。房间与房间之间留出可以通向外部的狭长空间，可以获取良好的通风和采光，提升居住品质。周围用植物进行配置，不仅可以连接每个房间，也可以保证所有房间共享这些景观，这样方案 B 就完成了。

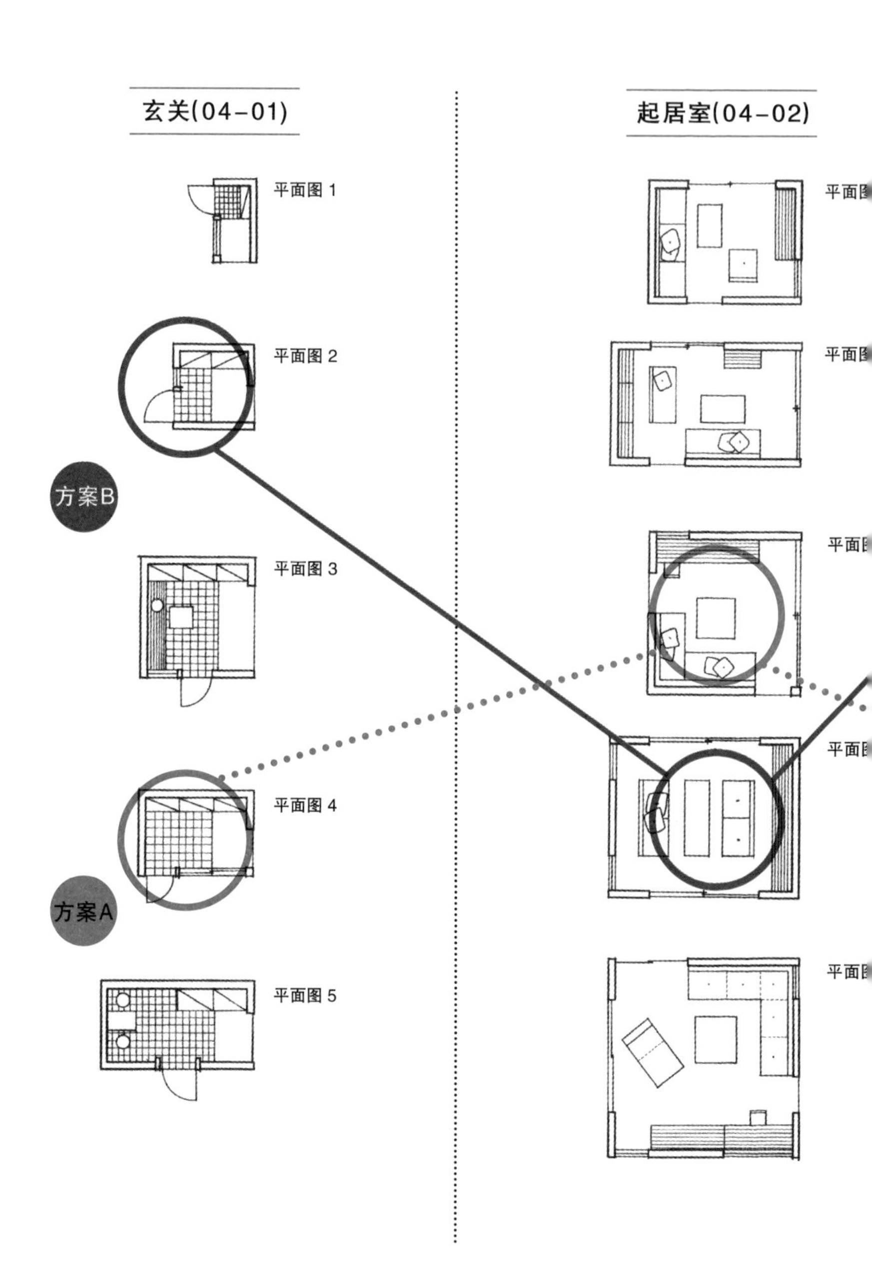
玄关(04-01)
起居室(04-02)
平面图 1
平面图 2
方案B
平面图 3
平面图 4
方案A
平面图 5

最后对庭院景观进行规划，设计完成

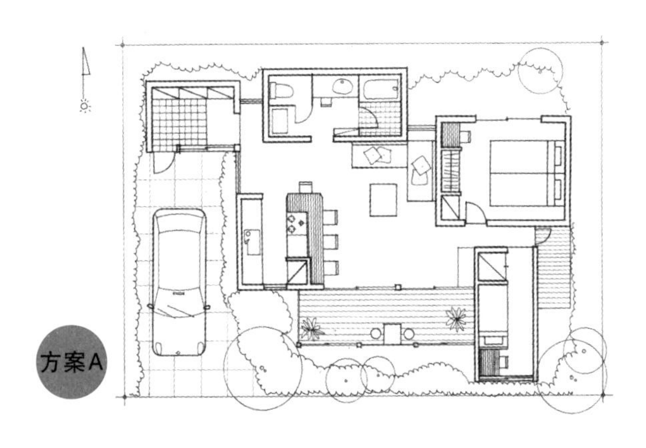
方案A

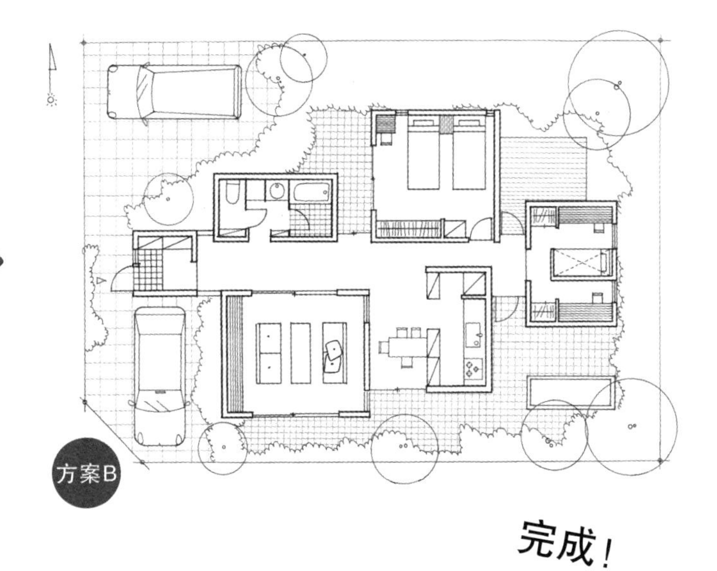
方案B

完成！

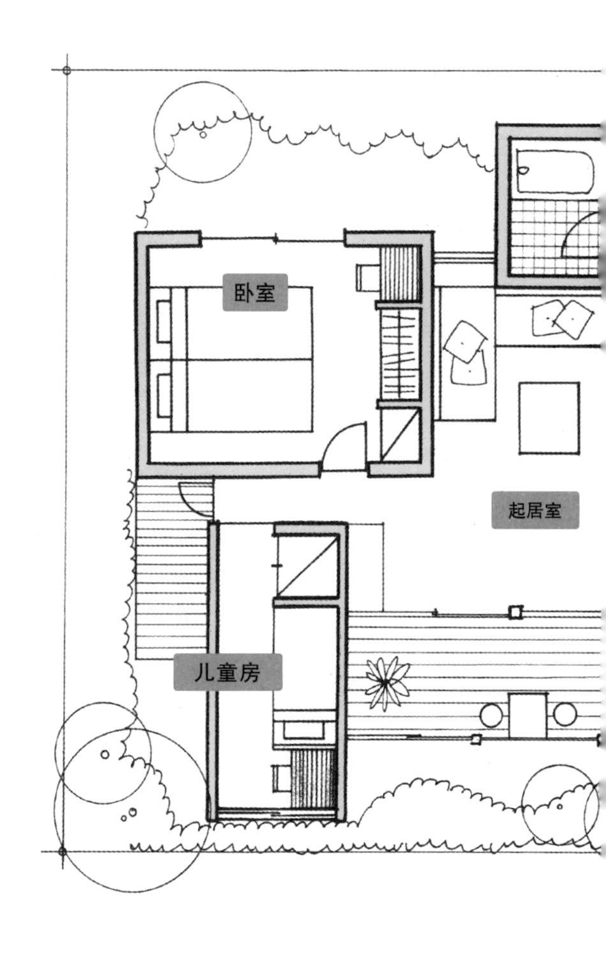
卧室
起居室
儿童房

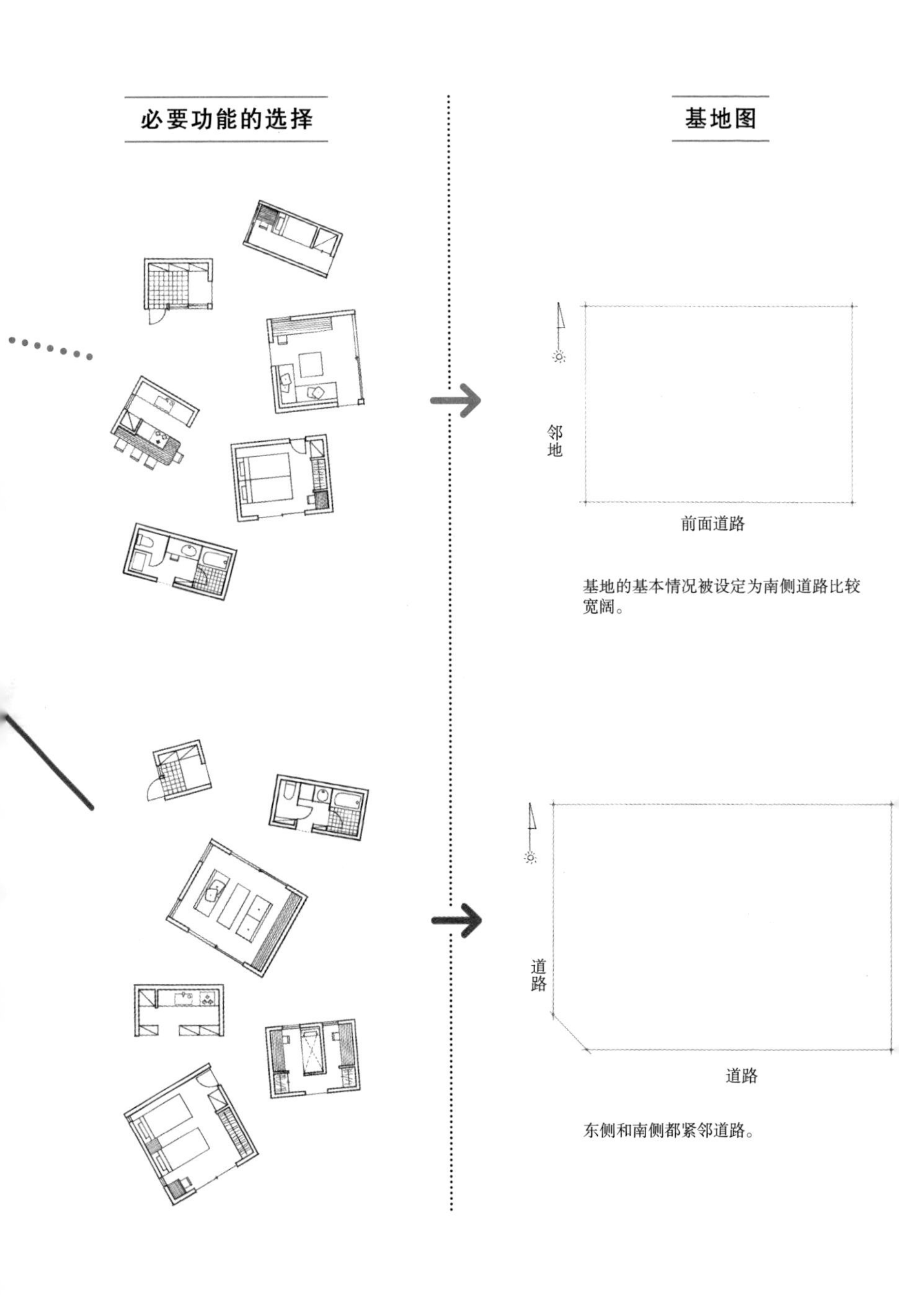
必要功能的选择
基地图
邻地
前面道路
基地的基本情况被设定为南侧道路比较宽阔。
道路
道路
东侧和南侧都紧邻道路。

空间布置研究

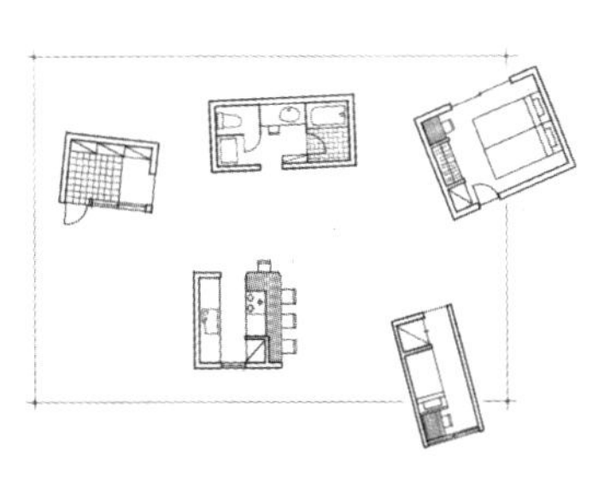

玄关和停车场相邻，设置在东南侧，每个房间都独立进行了设置。

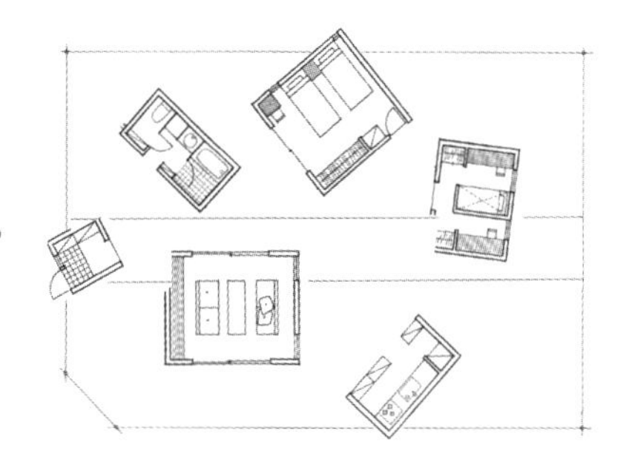

玄关设置在细长公共区域东侧的尽头，再分别布置其他房间。

确定空间布置

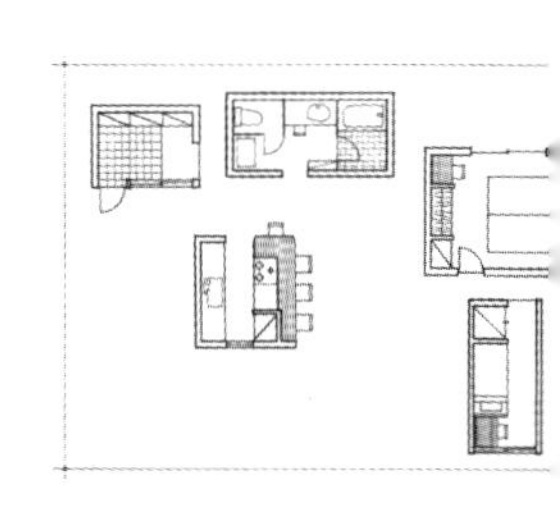

设置中间的独立区域为起居室，围
这个区域整合各个房间。

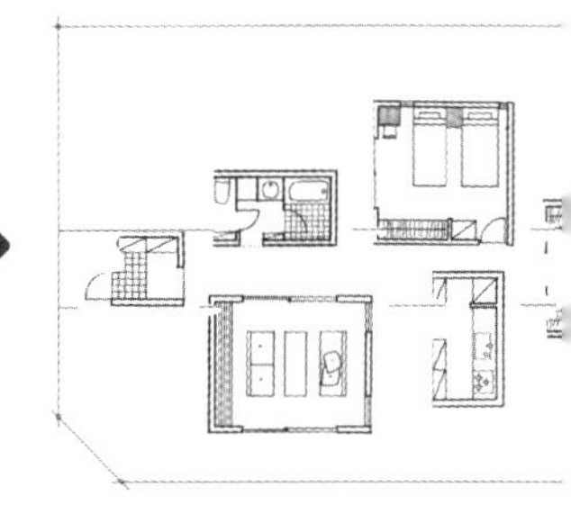

公共区域的南侧为起居室、厨房、
西侧为儿童房，北侧设置了浴室、
间以及卧室。

方案A 完成图

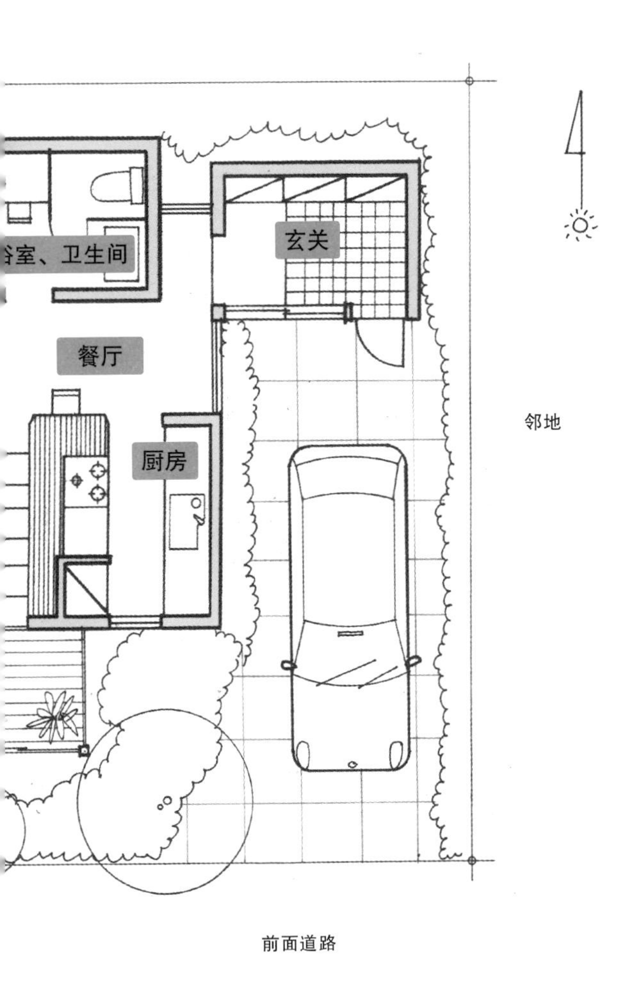

卧室
儿童房
餐厅
厨房

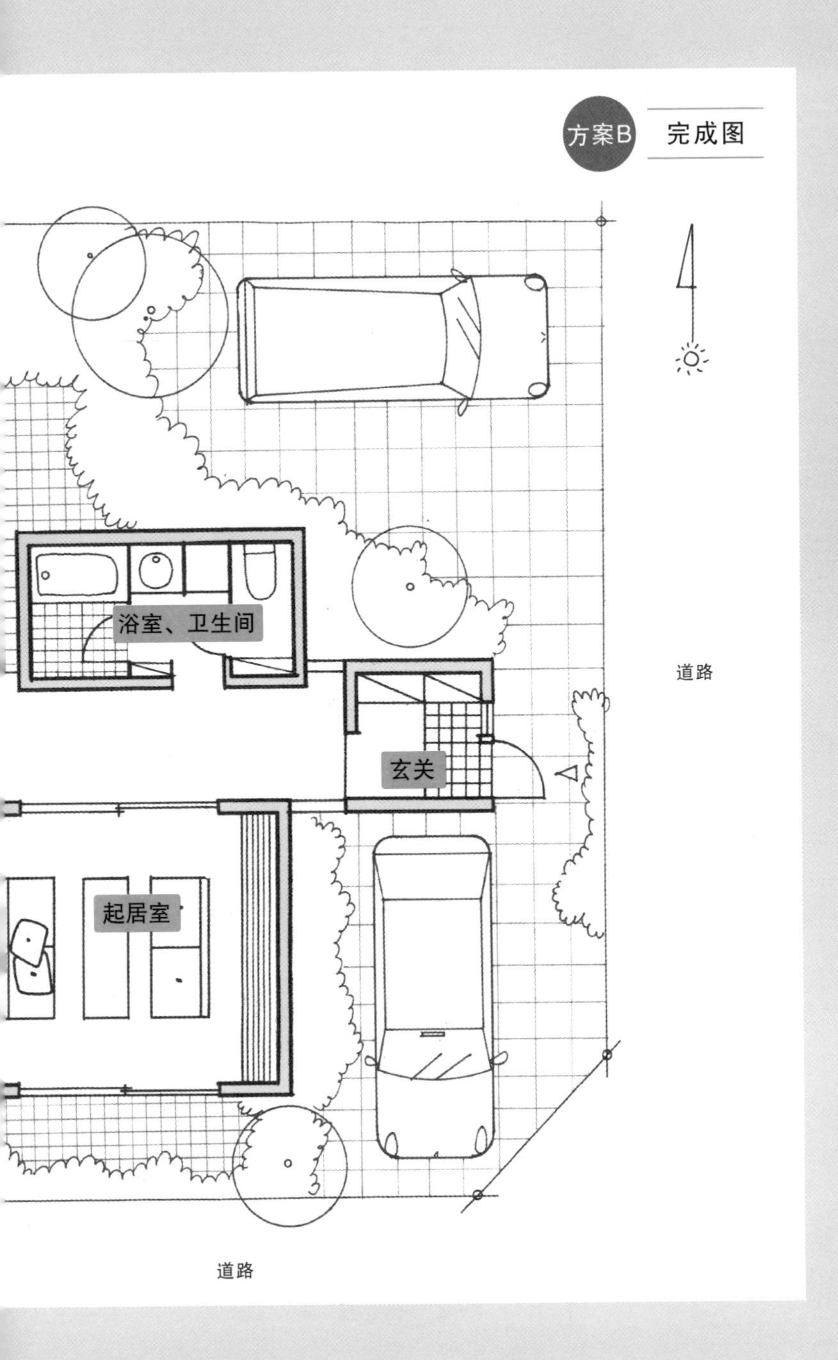

方案B
完成图
浴室、卫生间
玄关
起居室
道路
道路

附录　尺度感的概括年表[1]

原古

概括纪事

约13000年前 狩猎的生活方式

约1000年前 绳纹石器时代

约5200年前 水稻种植技术由大陆（朝鲜）传入

以身体为基本的物与事

日本

弓：武器、用具。可以捕获距离较远的猎物，并且弓箭的使用不受身高差异的影响

丈（从头到脚的长度）

陶器：用来贮藏或者蒸煮食物。陶器的大小根据家庭成员人数以及构成状况不同

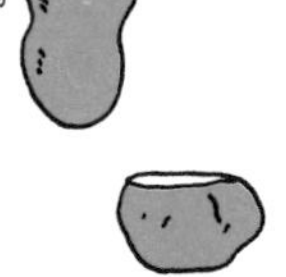

进化

四肢支撑着身体

双脚直立行走，双手可以自由使用工具

身体大小的展示
⇓
开始尝试以身体为尺度进行丈量

可以容纳4人乘坐的木筏

日本以外的国家

一臂长：手肘开始到指尖的长度

一臂长

一臂长

金字塔：以一臂长的石块为基本单位建成。胡夫金字塔建成于公元前2600年

译者注：

[1] 以日本的不同历史时期为划分依据。

原古

古代

约2300年前
弥生石器时代

约2100年前
青铜器传入

铁器传入

538年
佛教从朝鲜半岛传入

四庹舍：古时最小单位的木造住宅，具有人类可以生活的高度与面积

庹：两臂张开的距离

锹或锄：农具

古典尺：日本独特的“尺”，从邻近的国家传入了日本

需要张开手臂这么长的原木

人类集中居住的时候会形成规范和统治现象

⇓

人体构造在全世界有共同之处

⇓

以身体为基本单位

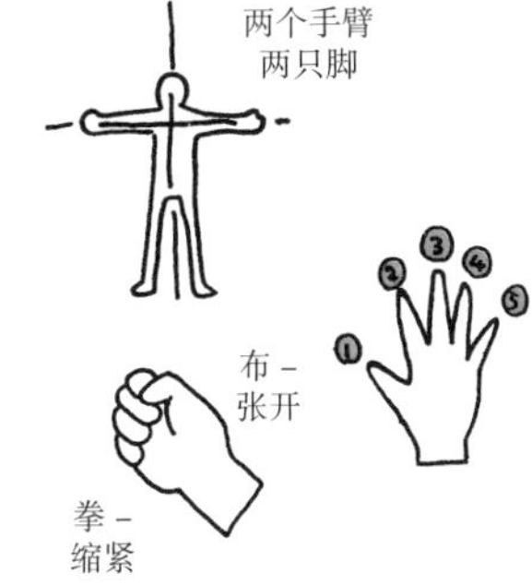

公元前438年，帕特农神庙的各构成要素之间的比例关系是非常美的

古典建筑的样式

多立克柱式：历史上最早的一种朴素柱式，代表着男性的力量

爱奥尼柱式：特征为柱头上有涡卷装饰，象征着女性的形态

科林斯柱式：柱头上以地中海的植物形态为其装饰性特征，象征着少女纤细的曼妙姿态

维特鲁威的《建筑十书》：公元前25年左右著，是现存最古老的建筑理论书籍。上面详细记载了人体比例，并指出“神殿建筑与人体比例一样是和谐的”

	古代			中世
概括纪事	646年 大化革新	701年 大宝律令	1156—1159年 保元、平治之乱	1185年 镰仓幕府成立

日本 / 以身体为基本的物与事

天平尺：古典尺和周尺折中后所形成的
条坊制：通过天平尺所思考出的城市区域规划

条
坊
町
120米
200步
住宅

曲尺：约30.3厘米

建筑或者和服等，很多物品都需要尺子丈量（规格化开始）

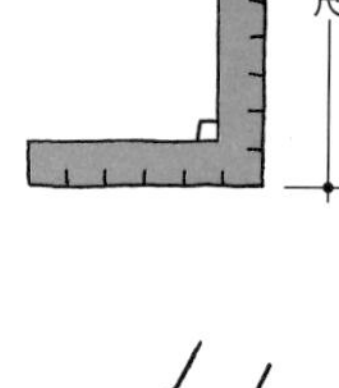

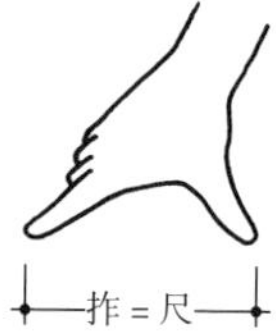

日本以外的国家

周尺：中国的尺
高丽尺：朝鲜的尺

中世

1338年
室町幕府成立

1543年
铁炮传入日本

鲸尺：约37.8厘米。普通曲尺的1尺2寸5分，主要用于丈量布的长度，比曲尺长

文尺：约24.2厘米。相当于足袋长度，曲尺的8寸。因与一文钱直径（2.4厘米）的10倍相当而被称为文尺

鹰尺：约34.8厘米。曲尺的1尺1寸5分。甲胄根据与体型身材吻合的尺寸而制作，便于行动

待庵：1492年。仅有两帖榻榻米（2帖）大小的最小面积的茶室

和服

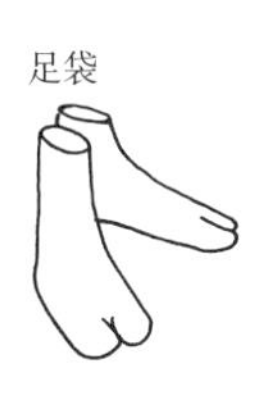
足袋

甲胄

维特鲁威的人体图：达·芬奇在1485—1490年描绘的人体图，是达·芬奇根据维特鲁威提倡的人体比例，添加了对自身的观察后完成的

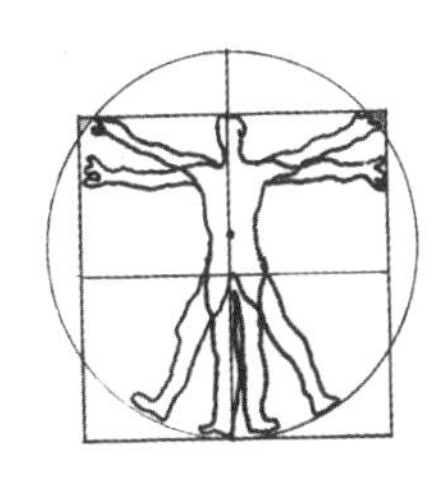

香波城堡：1547年。据说达·芬奇设计了城堡的双旋转楼梯，这个楼梯设计的奇妙之处在于，上下的人同时使用楼梯的时候不会相遇

近世

概括纪事

- 1549年 基督教传入
- 1582年 太阁检地
- 1590年 丰臣秀吉统一日本
- 1600年 关原之战
- 1603年 江户幕府成立
- 1633年 锁国令

日本

以身体为基本的物与事

升（京升）：1合的10倍=1升，两手捧着米为1合，单手为1勺

1升

×10

1合

帖（榻榻米）：京间=6尺3寸（帖分割），江户间=6尺（柱分割）

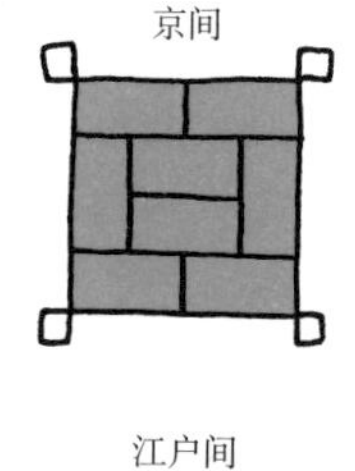

匠明：1608年。平内正信整理出的日本现存最古老的木构技术古籍。记录了古建筑的各部分尺寸、组合以及比例。以柱子的粗细为基准，对其他部件的尺度、间隔等进行了记载

日本以外的国家

正在发展中的土地上，人们对身体尺的应用是根深蒂固的

俾格米人（非洲）：身高最矮的民族。俾格米的意思就是从肘到拳的长度

近世		近代		
1657年 名历大火	1867年 江户幕府统治结束	文明开化 西方文化的传入	1923年 关东大地震	1939—1945年 第二次世界大战

日本地图：伊能忠敬在1800—1816年对日本全国进行勘测，绘制出日本地图。训练自己步幅的一步大约为69厘米。并且制作出了用于测量的工具——间绳

文明开化时代，欧洲的厘米制、美国的英尺计量法传入，与日本特有的尺贯法混合使用，让人们感到混乱

度量衡取缔条例：1875年统一了如下单位。长度：曲尺、鲸尺；体积：升；质量：两

度量衡法：1891年，尺贯法和厘米制并用。定义1尺=10/33米

18世纪后半叶，厘米制在法国诞生

模数制：勒·柯布西耶通过人体尺寸与黄金比例来建造建筑的基本尺寸系统。建筑的工业化与生产效率提高。思考了人体尺寸的设计，功能性得到了提升

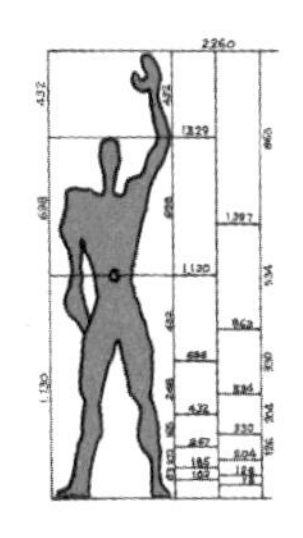

现代

概括纪事

1954—1973 年 高度经济增长期

1986—1991 年 泡沫经济时期

日本

以身体为基本的事与物

战后，尺贯法渐渐被取代

9 坪的房子：1952 年。增泽洵设计的最小尺寸的住宅。3 间 ×3 间的平面，另外从构造到家具使用的都是在市场上贩卖流通的材料

建筑材料开始规格化

⇓

预制施工法的普及

51C 型：1951 年所规划的公营住宅的标准设计之一。在约 40 平方米的狭小空间内实现了寝食分离。之后，被称为“团地间（五尺六寸）”的榻榻米尺寸出现了

废除了尺贯法（1959 年），统一采用厘米制

公营住宅 51C 型

日本以外的国家

伊姆斯自宅：1949 年。柱间距 2.3 米，长 6.1 米，高 5.2 米的住宅。探索了很多新的材料，对战后住宅不足，探索新的建筑方式起到很大作用

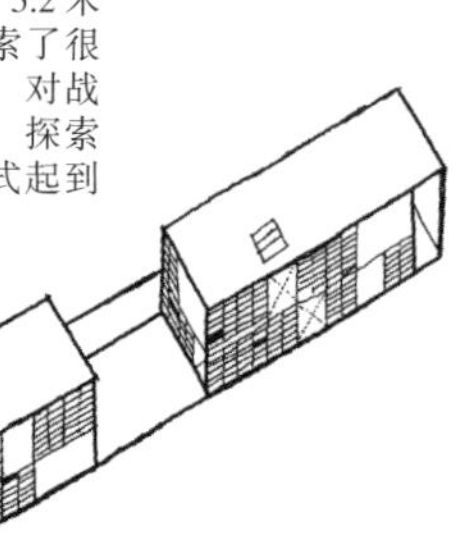

马丁角小屋：1957 年，柯布西耶进行模数实验的小屋

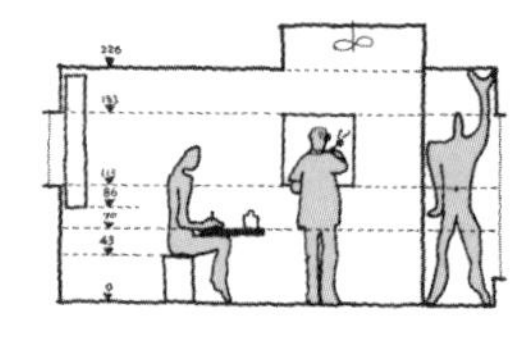

现代

1995年— 通信设备有了惊人的发展

智能手机，男女老少皆可用单手进行操作。5英寸的尺寸成为主流

后记

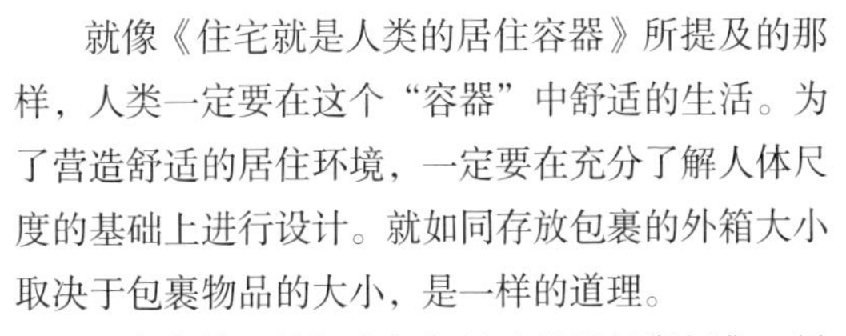

就像《住宅就是人类的居住容器》所提及的那样，人类一定要在这个“容器”中舒适的生活。为了营造舒适的居住环境，一定要在充分了解人体尺度的基础上进行设计。就如同存放包裹的外箱大小取决于包裹物品的大小，是一样的道理。

这本书并不是标注细部尺寸的类似资料集一样的书。这本书只想以说明尺寸、尺度为例，让读者以自身的身体尺寸为基础，来理解物品或者房屋的大小，并希望读者通过体会这些尺度来进行空间设计。这样的话，就不会出现根本无法通过的门，或者在平面图上画出类似浴缸大小的坐便器等问题了。最后，就算在极小的程度上，如果可以帮助建筑师做出舒适并且尺度感适宜的设计的话，将是本书的荣幸。

中山繁信

著者简介

中山繁信

日本法政大学研究生院工学研究科建设工学硕士毕业，先后在宫脇檀建筑研究室、工学院大学伊藤郑尔研究室工作学习。2000—2010 年，担任日本工学院大学建筑学科教授，并成立中山繁信设计室，现更名为 TESS 计划研究所。主要著作:《上下的美学——楼梯设计的 9 个法则》《住得优雅——住宅设计的 34 个法则》《美好住宅设计破解法》《世界最美住宅建筑解剖图鉴》《内外的美学——窗设计的 32 个创意法则》。

付田刚史

日本工学院大学毕业后，分别在各川研究室、南泰裕 /Atelier Implexe 建筑与都市设计事务所工作。2013 年成立付田建筑设计事务所。

片冈菜苗子

日本大学大学院（研究生院）生产工学研究科建筑工学专业毕业。现任职于筱崎健一工作室，合著《内外的美学——窗设计的 32 个创意法则》。

译者简介

张玲

2015 年毕业于日本东京大学建筑学专业，获工学博士学位，师从隈研吾教授。日本建筑学会（AIJ）正式会员。在日本期间多次参与隈研吾建筑都市设计事务所项目设计等工作。2015 年清华大学建筑学院博士后研究员，合作导师周燕珉教授。曾任大连理工大学建筑与艺术学院讲师，现任深圳大学建筑与城市规划学院助理教授，主要研究方向为建筑计划学（建筑策划）及其基础理论、环境行为学、环境心理学、老年人居住设施与环境等。